アホウドリから

長谷川 博
Hasegawa Hiroshi

オキノタユウへ

新日本出版社

営巣地の上空を飛ぶ年齢を重ねた成鳥（2018年3月）。
翼は大小たくさんの羽毛でおおわれている。

つがいの横顔（2016年3月）。目のまわりやくちばしの根元、
口元の皮膚が黒いため、ひきしまった顔に見える。

南から見た伊豆諸島鳥島（2017年5月）。中央のせまい斜面が燕崎で、従来営巣地がある。

朝の光を受けて燕崎の沖の海を泳ぐ成鳥（2012年12月）。水浴びをした直後で、頭部の細い羽毛がぬれている。

燕崎崖上の平らな場所に散らばるオキノタユウの骨（2018年4月）。乱獲の痕跡で、ほかの場所でも見つかる。

燕崎斜面にある従来営巣地（2016年3月）。成鳥や若鳥、ひなでにぎわう。手前は泥流が流れた跡で、小石がころがっている。

北西側斜面にデコイと音声を利用してつくられた新営巣地（2018年12月）。平らな場所にあり、まわりから土や草を引きこんで、じょうぶな巣ができる。

燕崎崖上の平らな場所に自然にできた新営巣地（2018年11月）。植物がまばらに生えていて、その草株のそばに巣をつくっている（白い点が成鳥）。

北西側斜面の中腹に設置したデコイ（1992年11月）。呼びよせる効果を高めるため、つがいが求愛ダンスをしているように配置した。

デコイの上空に飛来し、着陸しようとした若鳥（1993年4月）。

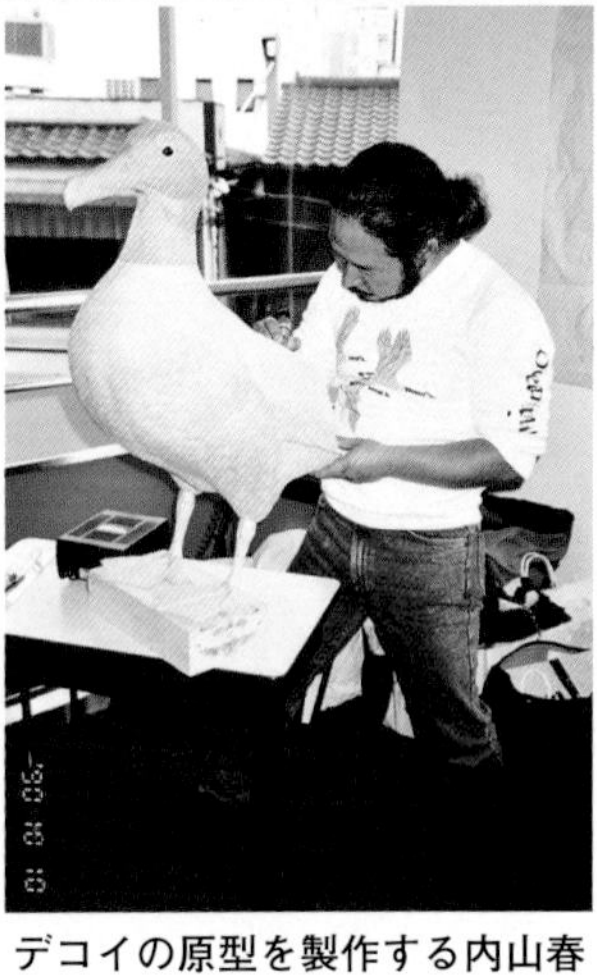

デコイの原型を製作する内山春雄さん（1990年10月、著者撮影）。デコイの大きさがよくわかる。

デコイのそばに着陸した若鳥（1993年3月）。

完成したプラスチック製デコイを鳥島に運びこみ、設置の準備をする（1992年11月、朝日新聞社・谷川明生撮影）。

若鳥の求愛ダンス（2018年4月）。つまさき立ち、上空を向いて大きな声を出す（左側）。

成鳥の求愛ダンス（2016年3月）。三つに折り曲げた翼の手首にあたる部分を胸の羽毛の中に入れて、そこにくちばしの先端をさしこみ、カタカタと小さな音を立てる。

燕崎の沖の海上に群れるオキノタユウ（2012年12月）。全身白色の成鳥から白黒半分半分の若鳥、全体に黒褐色のごく若い鳥まで、さまざまな体色の個体がいる。

飛んでいる成鳥の上面（２０１７年４月）。さらに年齢を重ねると、翼の胴体側の前側がもっと白くなる。

飛んでいる成鳥の下面（２０１７年４月）。首を引いて縮めている。

飛んでいる若鳥の上面（２０１７年５月）。全体に黒褐色で、上くちばしの先端も黒い。

飛んでいる若鳥の下面（２０１８年４月）。この個体は初列風切羽の一部がぬけていて、換羽中。

成鳥のつがいとそのひな
(2016年3月)。

巣立ち近いひな（2017年4月末）。全身をおおっていた綿毛がとれて、くちばしがピンク色になり始めている。

着陸しようとしている成鳥（2013年4月）。
尾羽とみずかきを広げて、失速を防いでいる。

離陸のための助走を始めた成鳥（2013年4月）。

地面をけって助走し、離陸しようとしている若鳥（上）と成鳥（2018年3月）。飛び立つとき、首を前方につきだし、体を水平にする。

卵を抱いている相手（奥）とおたがいに羽づくろいをするつがい（2018年12月）。

北西側斜面の新営巣地で卵を抱く成鳥（2018年12月）。まわりから土や枯れ草を引きこんで、丈夫な巣をつくっている。

口を大きく開けてあくびをする成鳥（2016年3月）。下くちばしは横に大きく広がるので、大きなイカや魚でも丸のみにすることができる。

卵を抱きながら、頭をかく成鳥（2018年12月）。地上で頭をかくときには、翼で体を支えながら翼の後側から脚を上げて頭に近づけるが、海上では翼の前側から直接脚を上げる。

口から釣りのテグスを引いている親鳥（2016年3月）。このテグスが邪魔になって、ひなはえさを受け取ることができなかったが、数時間後に運よくテグスが外れてえさをもらえた。

もくじ／アホウドリからオキノタユウへ

鳥島の地形と営巣地

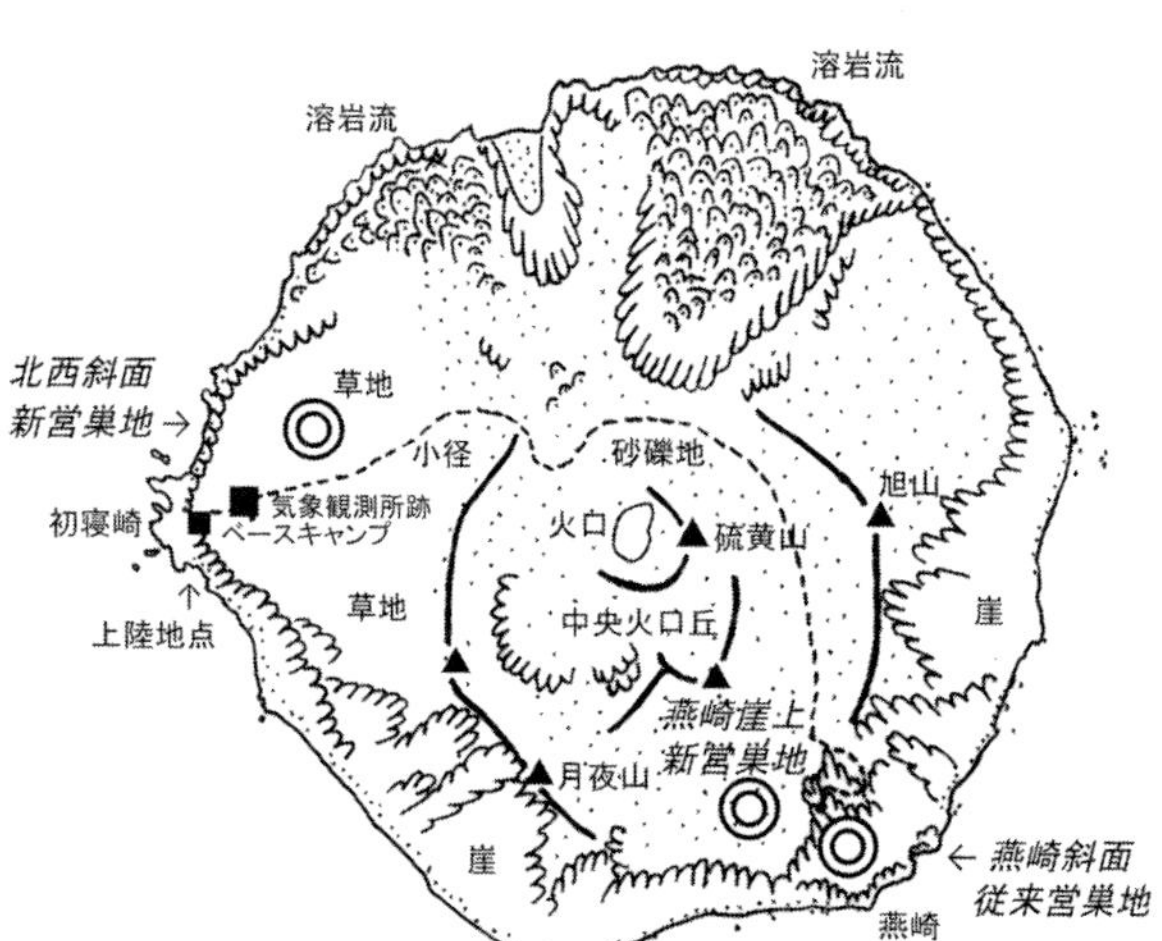

伊豆諸島鳥島（直径約2.5km）

第1部　オキノタユウの過去《かこ》、現在《げんざい》、未来

第1章　鳥島での乱獲《らんかく》――数百万羽《ば》が数十羽《ぱ》に

失礼な名前〝アホウドリ〟

今から130年ほど前、1889年10月15日に発行された『動物学雑誌《ざつし》』第1巻《かん》12号に、「鳥嶋《とりしま》信天翁《ばかどり》の話」という題の調査報告《ちようさほうこく》がのった。著者《ちよしや》の服部徹《はつとりてつ》は、1888年4月から7月中旬《ちゆうじゆん》まで伊《い》豆諸島《ずしよとう》最南部にある鳥島にとどまって、おびただしい数で繁殖《はんしよく》していた信天翁の生態《せいたい》と、無人島だった鳥島の開拓《かいたく》を始めた移住者《いじゆうしや》の生活をくわしく報告した。当時、伊豆諸島や小笠原諸島《おがさわらしよとう》で、この大型《おおがた》の海鳥は人をおそれず、また地上での動作がのろのろしていて、かんたんに捕《つか》まえられたことか

ら「ばかどり」や「ばかとり」などと呼《よ》ばれていた。また、移住《いじゅう》者は〝海の鵞鳥《がちょう》〟とみなして「海《かい》鵞《が》」とか、白い色の〝雁《がん》〟として「白雁《はくがん》」などと、在留日誌《ざいりゅうにっし》に書いている。

　それから3年後の1891年、東京帝国《ていこく》大学理科大学の初代動物学教授《きょうじゅ》だった飯島魁《いいじまいさお》は、日本の鳥類について、記録された種やその分布《ぶんぷ》、地方名などを整理して〝Nippon no Tori Mokuroku〟（日本の鳥目録）を編集《へんしゅう》し、『動物学雑誌』第3巻（後付1-33頁《ぺーじ》）に発表した。この学術《がくじゅつ》雑誌では、この仲間はそれまで英語名の「アルバトロス」（albatross）とも呼ばれていたが、飯島はそれを「あほうどり」という和名に変えた。おそらく、「ばかどり」ではあまりにもひどいと考えたのだろう。以後、動物学界ではこの名前が用いられるようになった。

　しかし、この呼《よ》び名《な》は一部の専門家《せんもんか》のあいだでは知られていたが、一般《いっぱん》の人びとには広まらなかったにちがいない。文学者で詩人の上田敏《うえだびん》は、1905年に訳詩集《やくししゅう》『海潮音《かいちょうおん》』を発表し、その中でボードレールの詩〝L'Albatros〟の題名を「信天翁」とし、わざわざ「をきのたいふ」（旧《きゅう》かなづかい）とふりがなをつけている。また、訳詩の本文中では「海鳥《うみどり》の沖の太夫《たいふ》」と表現《ひょうげん》した。この海鳥に対する「あほうどり」や「とうくろう」など数多い地方名のうち、詩人の感覚で、「おきのたゆう」という呼び名がもっともふさわしいと、考えたのだろう。

　この「おきのたゆう」（沖の大夫）は山口県長門《ながと》地方の漁師《りょうし》のあいだで使われていた古い名前で、日本海の沿岸《えんがん》地方では「大夫」は神に仕える神主《かんぬし》を指すから、「おきのたゆう」は「沖の海に生息する神聖《しんせい》な鳥」という意味になる。翼《つばさ》と尾《お》の先端部《せんたんぶ》が黒く、頭から首にかけて山吹色《やまぶきいろ》であるほか、ほぼ全身が白い羽毛《うもう》におおわれている。むかしから、日本では純白《じゅんぱく》はもっとも清らかで神聖とされ、純白の鳥の姿《すがた》は高貴《こうき》なイメージをいだかせた。

また、グライダーのように細長い翼をいっぱいにのばし、ほとんど羽ばたくことなく、沖合の大海原《おおうなばら》を悠然《ゆうぜん》と、しかも船よりもはるかに高速で飛翔《ひしょう》する非常《ひじょう》に大きな鳥を、漁師が畏《おそ》れおおく思ったとしても不思議ではない。ぼくも、初めて近距離《きんきょり》でこの鳥が海面すれすれを飛翔する姿を見たとき、美しいと感じただけでなく、なにか不思議な感動をおぼえた。きっと、多くの人が同じように感じるにちがいない。

ぼくは断然《だんぜん》、「オキノタユウ」という名前の方がこの海鳥にふさわしいと思う。なにより、相手に対する尊敬《そんけい》の気持ちがこめられている。それに対して、いくら習性《しゅうせい》にちなんでいるとはいっても、「アホウドリ」という呼び名には人間中心主義《しゅぎ》の思い上がった、いわゆる上から目線が表れていないだろうか。明らかに軽蔑《けいべつ》した名前である。まちがえたことに気づいたら、早く改めた方がよい。

おそらく、「アホウドリ」という呼び名が世の中に広まったのは、内田清之助《せいのすけ》が恩師《おんし》・飯島魁によるで校閲《こうえつ》で、日本で最初の本格的《ほんかくてき》な鳥類図鑑《ずかん》である『日本鳥類図説』（上・下2巻、1914年・続編《ぞくへん》、1915年、警醒社《けいせいしゃ》）を出版《しゅっぱん》してからあとのことだろうと、ぼくは推測《すいそく》する。

雪が積もったように見えた南の島

服部徹の報告によると、当時、鳥島の全体にハチジョウススキが密《みつ》に生えていて、その草むらのあいだにことごとく鳥たちが繁殖《はんしょく》していた。とくに、島内の3、4カ所に鳥たちが密集《みっしゅう》している場所があり、そこは「鳥原《とりはら》」と呼ばれた。山頂部《さんちょうぶ》の鳥原は面積が10ヘクタールあまりで、そのほかのものも5、4、3ヘクタールあった。白く大きな鳥たちが群れているので、遠くからは雪が積もったように見え、近くから見ると特大の鵞鳥の養殖場《ようしょくじょう》のようだったという（**写真**）。また、島の周囲《しゅうい》の海上に浮《う》かんでいる鳥の群れは、青い波のあいだにゆれ動くいくつも重《かさ》なった白波のようで、飛び立った鳥たちが島の上空を群れ飛ぶさまは、海上からは蚊柱《かばしら》のように見えた。

こうした鳥原の面積は合計すると22ヘクタール以上になる。鳥島はほぼ円形で、周囲8・5キロメートル、面積約４５０ヘクタールである。控《ひか》え目《め》にみて、その半分が営巣《えいそう》に適《てき》した区域《くいき》だとすると、鳥が密集《みっしゅう》している区域《くいき》はその10％ほどで、残りの90％にあたる約２００ヘクタールの区域には、小さな集団《しゅうだん》があちこちに散らばっていたのだろう。

そのころ、この鳥の巣の直径は60センチメートルあまりであったと記録されている。営巣なわばりは鳥が首をのばしてくちばしの先端《せんたん》が届《とど》く範囲《はんい》になる。ぼくは放棄《ほうき》された巣で、鳥が周囲から巣の材料の土や枯《か》れ草《くさ》を引きこんだ範囲を調べたことがある。その直径は約1・5メートルであった。

もし、この範囲が営巣なわばりだと考えると、その面積はだいたい2平方メートルとなる。そうであれば、密集した22ヘクタールあまりの鳥原には約11万の巣があったことになる。また、小集団《しょうしゅうだん》がまばらに営巣していた区域で、かりにその営巣密度《みつど》が密集区域の20から25分の1ほどだとすれば、そこには4、5万くらいの巣があったことになり、鳥島全体では、少なくとも15万くらいの巣があった

羽毛採取前の鳥島集団（1888年ころ撮影。小花作助遺品、小笠原村教育委員会所蔵）。大部分が白い色の成鳥で、黒い羽毛を残した若鳥はごくわずかしかいない。

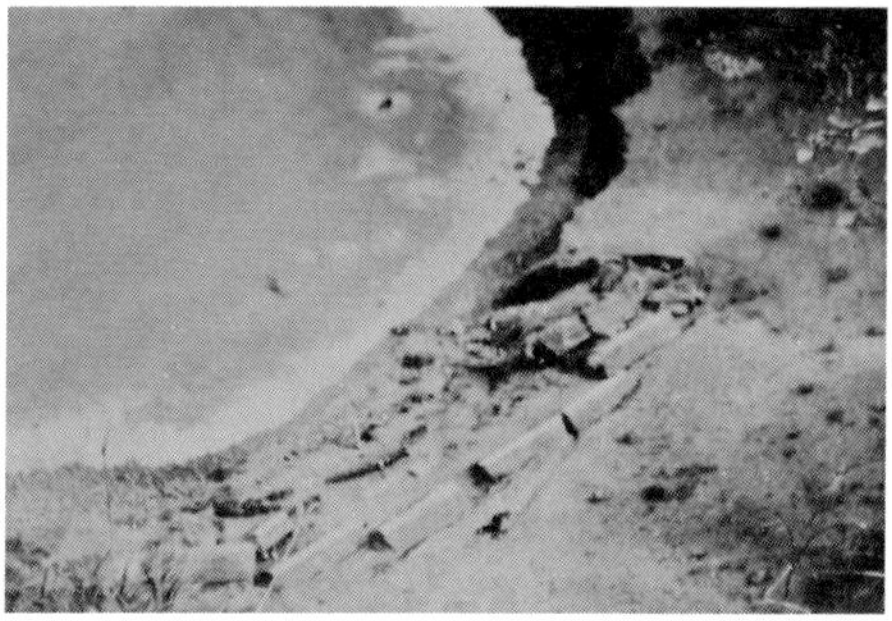

千歳湾にあった玉置集落（1888年ころ撮影。小花作助遺品、小笠原教育委員会所蔵）。

と推測される。

したがって、繁殖つがいの数は少なく見積もっても15万組になり、繁殖を休んでいる成鳥、つまりおとなの鳥や繁殖年齢《ねんれい》になっていない若《わか》い鳥を含《ふく》めると、当時の鳥島集団の総個体数《そうこたいすう》はごくおおまかに１００万羽にのぼると推測《すいそく》される。

そもそも、鳥島という島の名前は、この鳥が島をおおうほどの数で繁殖していたことにちなんでいる。とくに、鳥たちがもっとも集結しているときには、上空を何万羽もの鳥たちが舞《ま》って、島の形を隠《かく》してしまうほどだったという。

１８６３年３月に、中濱万次郎《なかはままんじろう》らは小笠原《おがさわら》諸島から北の方角に捕鯨航海《ほげいこうかい》に出て、この島を見つけて上陸し、「大日本属島《ぞくとう》鳥島」と書いた立て札を設置《せっち》した。万次郎にとっては22年ぶりの再上陸《さいじょうりく》で、このときに「鳥島」と命名された。それ以来、鳥島が正式な名称《めいしょう》となった。それまでは、たんに「無人島」とか、沖から三つの峰《みね》が見えることから「三子島《みねじま》」と呼ばれていた。１８４１年に土佐沖《とさおき》で遭難《そうなん》した万次郎は、この島に流れついて143日間の無人島生活を送った。そのとき、この鳥を食べて生きのびることができた。「鳥島」という名前には鳥たちへの感謝《かんしゃ》の気持ちがこめられているのではないかと、ぼくは思う。

鳥島の開拓

1887年（明治20）11月5日、この日は晴れて海はおだやかだった。玉置半右衛門《たまきはんえもん》とその仲間12人は無人島の鳥島に上陸した。まず仮小屋《かりごや》を造《つく》り（**写真**）、道路を整備《せいび》して鳥島開拓にとりかかった。上陸したころのようすを玉置はつぎのように記録した。

「至《いた》る所白雁構巣列居《こうそうれつきょ》して、その状況《じょうきょう》恰《あたか》も千里の原野に綿《わた》を敷《し》き、万里《ばんり》の砂漠《さばく》に雪の積れるが如《ごと》く、囂々《ごうごう》たる鳴声は群牛《ぐんぎゅう》の吼《ほ》ゆるに似《に》て、その幾《いく》千万羽と云《い》う数を知らず。（中略）此所《この》（漂着《ひょうちゃく》人穴居《けっきょ》の跡《あと》）を出《い》で歩を西南に運ぶに一の高山ありて、満山《まんざん》白雁を以《もつ》て掩《おお》い立錐《りっすい》の地を見ず。（中略）白海鵞は啻《ただ》に陸上に巣居《そうきょ》するのみならず、天上に飛揚《ひよう》するもの、海面に游泳《ゆうえい》するものも甚《はなは》だ夥多《かた》にして、その幾百万羽と云う数を知らず」「玉置半右衛門鳥島在留日誌」東京市史稿《しこう》・市街篇《へん》第七十二、1981年、東京都

その目的は、開墾《かいこん》して肉牛《にくぎゅう》を牧畜《ぼくちく》し、漁労《ぎょろう》で鰹節《かつおぶし》をつくり、そのかたわら〝バカドリ〟を捕《つか》まえて羽毛《うもう》をとることだった。上陸直後、ちょうど産卵期《さんらんき》だったので、鳥の両翼《りょうよく》を切断《せつだん》して集め、また

小笠原諸島父島の大村海岸に荷あげされたオキノタユウの死体（絵葉書による。1900年代初めころ。「白天ハ扇」は「信天翁」の誤植。内田清之助遺品）。

卵《たまご》を採集《さいしゅう》した（**写真**）。11月11日、わずか1日で１０００羽の両翼を集め、12日にはそれが約３０００本になり、一箱に１２０本ずつつめて、25箱を荷造《にづく》りした。また、13日には約２５００個《こ》の卵を集めて、40箱につめた。これらを東京に送り出し、翼は羽箒《はぼうき》にし、卵は食材あるいは鶏卵《けいらん》紙写真（フランスで発明された写真プリントの技法《ぎほう》）の材料として売りこむつもりだったのだろう。そのあとも、鳥の捕《ほ》獲《かく》はつづいた。

つぎの１８８８年から、翼ではなく、体をおおう羽毛をとって、クッションやキルト、枕《まくら》のつめものとして海外に輸出《ゆしゅつ》するようになり、鳥の捕獲はますますさかんになった。その年5月に移住者は40名となり、本格的な無人島開拓が始められた。1日に一人で１００羽、２００羽を捕まえることはむずかしくなく、1年間の捕獲数は十数万羽になった。それでも、鳥の生息数や行動に変化は見られなかった。服部徹は報告の最後につぎのように書いた。

「余輩《よはい》が島を去りしは昨年七月中旬《ちゆうじゆん》なりしも、本年に至り聞く所によるに少しも其数《そのかず》を減《げん》ぜし様のことなく、又《また》人を恐《おそ》れざることも敢《あ》えて従前《じゆうぜん》と異《こと》なることなしという」服部徹「鳥嶋信天翁の話」『動物学雑誌』第1巻405－411頁、1889年

もし、この鳥が〝ばかどり〟とではなく、神聖な鳥を連想させる〝おきのたゆう〟と呼ばれていたら、これほどたくさん殺《ころ》されたであろうか。

当時、ヨーロッパやアメリカの大都市、ロンドン、パリ、ニューヨークなどでは、上流階級や新興《しんこう》中産階級の女性のあいだで、鳥の翼や尾羽《おばね》、繁殖期《はんしょくき》の装飾羽《そうしょくう》、さらには鳥の剥製《はくせい》で帽子《ぼうし》を飾《かざ》りつけ、美しい色の羽毛で衣裳《いしょう》を飾ることが大流行していた。また、ベッドやクッション、枕《まくら》のつめものの材料として、綿のかわりに鳥の綿毛《わたげ》がさかんに利用されていた。そのため、羽毛の需要《じゅよう》がふえ、その価格《かかく》が高騰《こうとう》していた。この需要の供給地《きょうきゅうち》は世界各地、とくに熱帯地方であった。そこではばくだいな数の鳥類が捕まえられ、鳥たちがまとっていた美しい色の羽毛だけでなく、からだを包んでいた綿毛がむしり取られ、あるいは剥製となって、産業革命《かくめい》をへて裕福《ゆうふく》になった国ぐにに輸出された。

明治期のお雇《やと》い外国人として、海軍兵学寮《りょう》や東京帝国大学で言語学の教授を務《つと》めたバジル・ホール・チェンバレンは、その状況をつぎのように述《の》べた。

「鶴《つる》は1860年代の末に、神聖な鳥として保護《ほご》されなくなってから、殺されるか、あるいは驚《おどろ》かさ

れて逃《に》げ去《さ》ったらしい。雉《きじ》は、残念にも数が減少《げんしょう》してきた。外国の婦人帽子を飾る羽根として輸出するために、大規模《だいきぼ》に殺されるからである。

種々の小鳥類も、今では同じ運命を辿《たど》りつつある。一度に10万羽も船で送られて、その小さな羽根が、種々の色に染《そ》められ、夫人の装飾や美術品《びじゅつひん》を作るのに利用されるという話である。

外国との交際《こうさい》が始まり、安価《あんか》に、しかも迅速《じんそく》に輸送《ゆそう》できるようになったが、以上はそのマイナス面のいくつかである。欧化《おうか》によって、すべてがプラスになるわけではない」B・H・チェンバレン『日本事物誌』第2巻（初版《しょはん》1890年）高梨健吉《たかなしけんきち》訳《やく》1969年、東洋文庫147、平凡社《へいぼんしゃ》

当時の鳥類剥製の値段《ねだん》を**表1**に示《しめ》した。アジサシやカモメは、オシドリのような美しい羽毛を持つわけでもないのに、剥製にされて婦人帽の飾りとなり、値《ね》がよかった。いま考えるとグロテスクだが、当時はそうしたファッションがもてはやされた。

羽毛は、陸鳥のものと水鳥のものに分けられ、陸鳥の羽毛は100斤《きん》（60キログラム）につき13～14円であったが、水鳥の羽毛は100斤あたり40円で、とくに綿毛は100斤で100円ともっとも高価《こうか》であった。海鳥の羽毛は水鳥のものとくらべると劣《おと》るとはいえ、100斤あたり約30円で、その綿毛は70～80円になった。

無人島での生活はきびしいが、おびただしい数で生息しているオキノタユウを捕まえて羽毛をとれば、まさに一攫千金《いっかくせんきん》を手にすることができたのである。

表1　鳥類剥製の価格（1907年ころ）

種類	1羽あたり
オシドリ	雄　38銭　雌　10銭
キジ・ヤマドリ	雄　35銭　雌　8銭
アジサシ	35銭
カモメ	15銭
トラツグミ	15銭
カケス	6銭5厘
ツグミ・シロハラ・アカハラ	3銭3厘
セキレイ・キツツキ	3銭
レンジャク	2銭
ウソ	1銭5厘
ヒヨドリ・ムクドリ	1銭
モズ	8厘
スズメ・カワラヒワ・アトリ	6厘5毛

内田清之助「鳥の羽毛の用途」『鳥』（日本鳥学会）第1号29-31頁、1915年。

羽毛採取《さいしゅ》事業は年ごとに大きくなり、1898年には鳥島の住民は子どもを含めて89人になり、1万456貫《かん》（3万9210キログラム）羽毛がとられた。25羽で1貫目の羽毛がとれたというから、この年には26万1400羽が捕まえられたと推定される。当時、この鳥の羽毛の輸出価格は1斤あたり50銭《せん》（100斤では50円）であったから、推定で3万2675円の売り上げになった。当時の1円は現在の約8000円に相当するから、その年の事業規模《きぼ》は約2億6000万円となる。おおまかに言えば、1羽のオキノタユウからとれた羽毛は、輸出価格の1000円になった。こうして、鳥島を開拓した玉置は巨万《きょまん》の富《とみ》を築《きず》いた。

玉置の息子《むすこ》と東京府立第一中学校の同級で、1897から1902年に在学《ざいがく》した内田清之助は、つぎのようなエピソードを紹介《しょうかい》している。ちなみに、1907年に自動車取締《とりしまり》規則《きそく》が制定《せいてい》・交付され、自動車の運転に運転免許証《めんきょしょう》が必要になったが、それまでは自由であった。

「玉置君は今はもう亡《な》くなっているが、家が当時大変な金持ちで、学生に似合《にあ》わぬ贅沢《ぜいたく》をしていたものだ。そのころ一中はとても厳格《げんかく》なので有名だったが、玉置君はその校風の異端者《いたんしゃ》といってよかった。たとえば、頭髪《とうはつ》はコスメチックをつけて綺麗《きれい》に分けられ、体操《たいそう》の時間に詰《つ》めえりの制服《せいふく》をぬぐと、下には派手《はで》なワイシャツとネクタイまでつけているといった調子で、毎度先生から小言《こごと》をくう常習犯《じょうしゅうはん》だった。卒業してからも暫《しばら》くすると自家用車を乗りまわしていた。明治三十年代といえばまだ自動車などの滅多《めった》にない時代だから、自家用車にいたっては、大変なしろものである。また、玉置君は中学生の時分から銃猟《じゅうりょう》をした。いまは丁年《ていねん》にならないと銃猟はできない規則になっているが、当時は十七歳《さい》から猟がやれた。（中略）一体、どうして玉置君の家がそんなに金持ちだったかというに、（中略）鳥島のアホウドリのおかげであったのである」内田清之助「滅《ほろ》びゆくアホウドリ」『星稜《せいりょう》』第9号10－13頁、1956年3月　内田清之助『鳥類学五十年』135－140頁、宝文館《ほうぶんかん》、1958年に再録《さいろく》

玉置が無人島の鳥島でオキノタユウの羽毛をとってばくだいな利益《りえき》を得《え》たといううわさはまたたく間に広がり、南海の無人島の開拓をおおいに刺激《しげき》した。一攫千金を夢見《ゆめみ》て、野心を抱《いだ》いた人びとは小笠原諸島の聟島《むこじま》列島や西之島《にしのしま》、尖閣《せんかく》諸島、さらに北西ハワイ諸島のミッドウェー環礁《かんしょう》やレイサン島へと進出した。この状況《じょうきょう》は、まるで金鉱《きんこう》をめがけて人びとが集まるゴールドラッシュのようで、平岡昭利さんはそれを〝バードラッシュ〟と呼んだ（平岡昭利『アホウドリを追った日本人』岩波新書、二〇一五年）。

しかし、1902年に鳥島の状況は一変した。8月7日の夜から9日ころ、鳥島の火山が大爆発《だいばくはつ》を起こし、地震《じしん》で山体が崩壊《ほうかい》して集落は壊滅《かいめつ》し、島民125人が全滅《ぜんめつ》した。爆裂《ばくれつ》によって頂上部《ちょうじょうぶ》の平地は吹《ふ》き飛《と》び、長径約850メートル、短径約350メートル、深さ100〜150メートルの爆裂《ばくれつ》火口ができた。さらに、海中噴火《ふんか》が起こり、北側の海岸で水蒸気《すいじょうき》爆発《ばくはつ》も起こって小さな湾《わん》ができた。それまでの15年間に捕まえられた鳥の数は、少なく見積もっても500万羽になると、のちに山階芳《やましなよし》麿《まろ》は推定している。平均《へいきん》にすれば毎年約33万羽となり、驚《おどろ》くべきかつおそるべき捕獲数である。また、悲しくなる数でもある。この大噴火は、オキノタユウ虐殺《ぎゃくさつ》の〝祟《たた》り〟ではないかと、うわさされた。

この大噴火の直後の1903年に、再《ふたた》び移住が行なわれた。まだ、かなり多くの鳥が生息していたからである。しかし、しだいに鳥の数がへり、また輸出先《ゆしゅつさき》のヨーロッパやアメリカで羽毛貿易《ぼうえき》に対する反対運動が起こって、1910年に羽毛の国際《こくさい》取引が禁止《きんし》されたため、鳥島での羽毛採取事業は縮小《しゅくしょう》していった。そして1917年、ついに玉置は30年間にわたる鳥島開拓事業を止めて、島民は引き上げ、鳥島は無人島にもどった。そして、かれは新たな開拓先として南大東島を選び、進出した。

鳥島の再開発《さいかいはつ》

それから10年後、1927年9月、東京府八丈支庁《はちじょうしちょう》による鳥島再開発計画に応募《おうぼ》して、八丈島の奥山秀作《おくやましゅうさく》ら3名が鳥島に移住した。つぎの年には家族も加わり、1902年の水蒸気爆発によってできた小さな湾（兵庫湾《ひょうごわん》）の西側にあるなだらかな斜面《しゃめん》に集落をつくり、鳥島開発にあたった。島には小学校が開設《かいせつ》され、教師《きょうし》も赴任《ふにん》した。

島の北西側に広がる斜面で牛を放牧し、サツマイモやトウモロコシ、陸稲《りくとう》を栽培《さいばい》し、養蚕《ようさん》を行なった。また、オキノタユウやクロアシオキノタユウ、オーストンウミツバメなどの海鳥類の羽毛をとり、鰹節《かつおぶし》の製造《せいぞう》やサンゴの採取などにも取り組んだ。とくに、島の近海でとれた宝石《ほうせき》サンゴはばくだいな利益をもたらした。

このころ、オキノタユウは島の頂上《ちょうじょう》部の火山砂《かざんさ》におおわれた平らな場所でほそぼそと繁殖していた。1930年2月15日に山階芳麿が小笠原諸島での鳥類調査の帰りに、鳥島に立ちよって調査したとき、鳥たちは頂上部の平らな砂地《すなじ》に密集し、そのほかに中腹《ちゅうふく》のハチジョウススキの草むらにも少数が集まっていた。観察された個体数《こたいすう》は、成鳥は2000羽ほどで、ひなは200羽に満たなかった。

そのとき、山階は鳥を捕まえる現場《げんば》を見て、つぎのように記録した。

「火口壁《かこうへき》の南側は茅《かや》（ハチジョウススキ）が火口壁の頂上迄繁茂《までのはんも》して居る。そして、其《そ》の内の空地にも20羽乃至《ないし》100羽の小さなハレムが数個《すうこ》ある。私《わたし》はその内の小さい一個において信天翁鏖殺《おうさつ》（皆殺《みなごろ》し）の実演《じつえん》を見学？した。私はスポーツ的の狩猟《しゅりょう》に或《あるい》は採集旅行に随分殺生《ずいぶんせっしょう》の罪《つみ》の深い方であるが、此《こ》の信天翁の屠殺《とさつ》だけは見るに堪《た》えなかった。今思い出しても愉快《ゆかい》でない。唯《ただ》虐殺と言ふ文字のみが其の光景を如実《にょじつ》に現《あらわ》して居る。（中略）早く日本からも此の様な不快《ふかい》なる産業を駆逐《くちく》したいものである。」山階芳麿「鳥島紀行」『鳥』第31号5－10頁、1931年

奥山が東京税務《ぜいむ》監督局《かんとくきょく》長と交《か》わした鳥島の貸付《かしつけ》に関する契約書《けいやくしょ》（期間は１９２７年４月から３年間）の第四条《じょう》には、

「申請人《しんせいにん》は島内の信天翁そのひなおよび卵を保護しこれが繁殖に適切《てきせつ》なる施設《しせつ》を怠《おこた》らざることを要す」

と記されているが、成鳥を捕獲すること自体は禁止されていなかった。

海外に輸出できなくなった羽毛は、防寒服《ぼうかんふく》や布団《ふとん》のつめものとして国内で消費《しょうひ》されたにちがいない。また、戦時体制《たいせい》へと進んでいた日本で、寒冷地に進出する軍隊の装備《そうび》や航空兵《こうくうへい》の防寒具《ぼうかんぐ》として、特別な需要があったのかもしれない。

保護の取り組み

オキノタユウの保護を気にかけていた山階は、繁殖期の生態研究と鳥の渡《わた》りを明らかにする標識《ひょうしき》調査のため、設立《せつりつ》したばかりの山階鳥類標本館の研究係を鳥島に派遣《はけん》することにした。研究係は小笠原航路《こうろ》の往路《おうろ》に上陸し、復路《ふくろ》の船がくるまで約１週間滞在《たいざい》して、初めて本格的な科学的調査を行なった。

まず、１９３２年４月に山田信夫が鳥島におもむき、島の頂上部の４カ所で成鳥約１８００羽を観察した（**写真**）。このほかに、斜面の中腹から麓《ふもと》の３カ所でクロアシオキノタユウの成鳥を約８００羽、１カ所でコオキノタユウの成鳥60羽を観察した（**図１**）。このとき、島民に手伝ってもらって成鳥20羽、ひな10羽に足環《あしわ》標識をつけた。しかし、その年の11月に成鳥11羽が島民に捕まえられてしま

1932年４月の鳥島営巣地（山田信夫撮影）。

標識調査のためのオキノタユウを捕まえた島民（山田信夫撮影、山田さんは左から２人目）。

った。

コラム　山田信夫博士《はくし》（写真・和田みゑさん提供）

「鳥島にて」

私の山階鳥類研究所における最初の仕事として、昭和7年早春、この島へアホウドリの繁殖期の生態調査と、渡りの経路《けいろ》を調べるためのバンディング（鳥の脚《あし》に記号番号の入ったアルミニウムの脚環を取りつけて放つ）を行なうために、この離《はな》れ小島に行くこととなった。（中略）島での第一夜が明けると、朝早くからまず島を一巡《いちじゅん》して、アホウドリ類の3種の分布状態《じょうたい》を調べることにした。（中略）アホウドリの調査の主な仕事の一つは、渡りの調査のため、アホウドリの脚にアルミニウムの環を取りつけることであった。この仕事は短時間に手早く行なう必要があり、島の漁夫の人々に協力を願ったところ、この純粋《じゅんすい》な人々は快《こころよ》く助力《じょりょく》してくれることとなり、赤黒く潮焼《しおや》けした逞《たくま》しい9名の男達《たち》（**写真**）が鰹《かつお》の一本釣《いっぽんづ》りに用いる手網《てあみ》を持って、ゆるやかな斜面に点々と生えたハチジョウススキの蔭《かげ》に忍《しの》ぶようにして、

図1　鳥島におけるオキノタユウ類3種の1932年4月の分布状況（山田信夫による調査）。

○　オキノタユウ
△　クロアシオキノタユウ
□　コオキノタユウ
■　住居

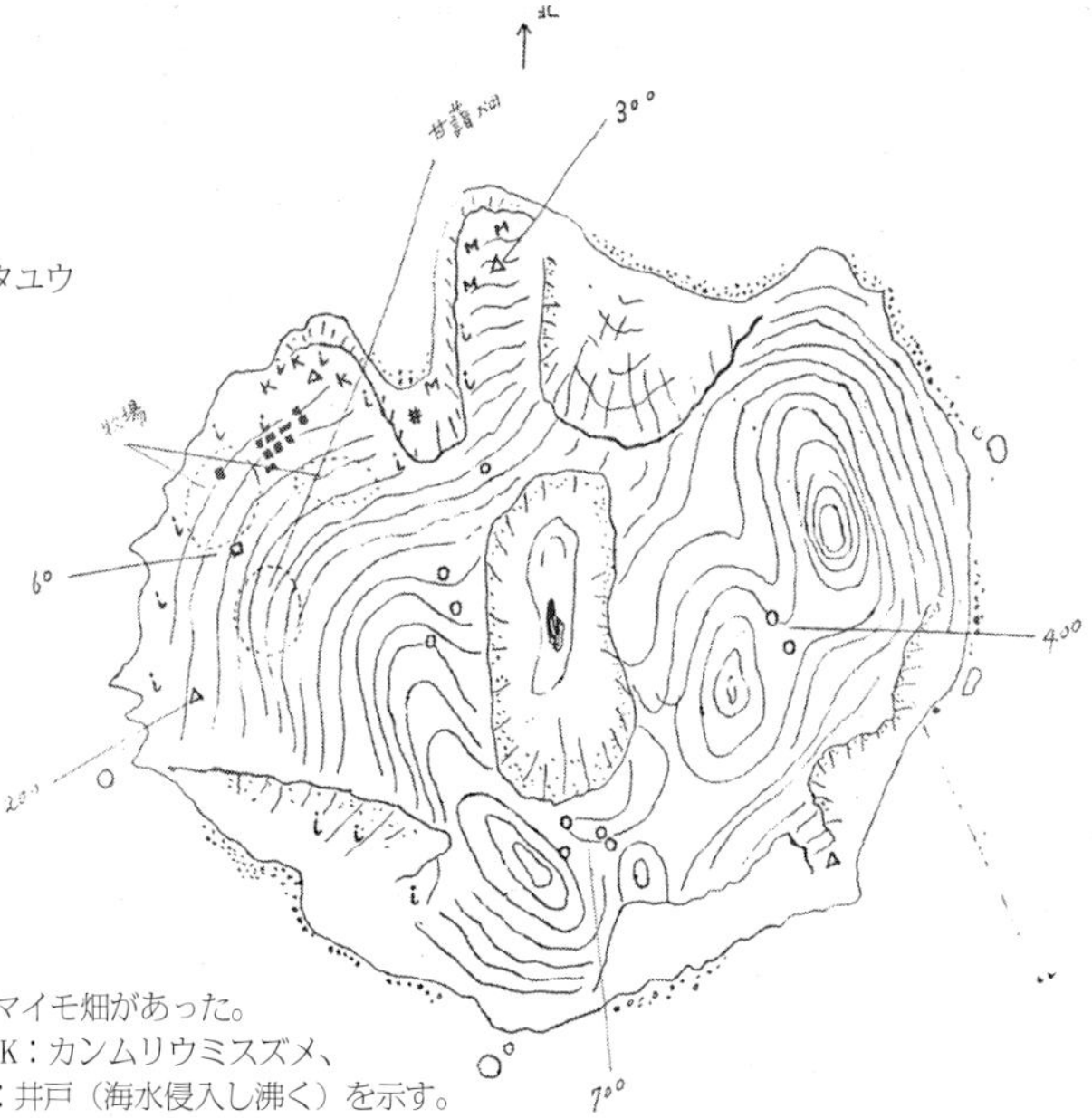

集落や牧場、サツマイモ畑があった。
i：イソヒヨドリ、K：カンムリウミスズメ、
M：ムナグロ、＃：井戸（海水侵入し沸く）を示す。

そっとアホウドリの群に近づいて行く。漸《ようや》く群《むれ》まで50メートル程《ほど》に近寄《ちかよ》ると、鳥群《ちょうぐん》も危険《きけん》を感じてか、下方の斜面に向かって走り降《お》り、飛び立つべき行動に移《うつ》り始めた。もう瞬時《しゅんじ》のためらいも許《ゆる》されないので、９名の男達は私も混えて、横隊に展開《てんかい》し、鳥群を取《と》り囲《かこ》むようにして、一散《いっさん》に駆《か》け出《だ》し、一羽一羽の鳥を目指して襲《おそ》いかかった。鳥群は大あわてに算《さん》を乱《みだ》してガァガァと鵞鳥のような声を立て、水掻《みずか》きのある大きな脚をバタバタさせて逃《に》げまどい、下から追い上げられているために、飛び立つための滑走《かっそう》もできず、つぎつぎに網《あみ》をかぶせられて大部分は捕まえられた。予定の数十羽に及《およ》んだので、記号番号の刻《きざ》まれた足環をはめて、これらの鳥の渡りの経路が、この仕事によって判明《はんめい》すれば幸いと祈《いの》る心ですぐ解放《かいほう》してやった。山田信夫『探鳥《たんちょう》記――50数年前の鳥類生態研究創《そう》始《し》の記録』２１４頁、三学出版、１９８５年　第二章「鳥島にて」から抜粋《ばっすい》

つぎの１９３３年４月には、山田信夫と日和三徳が鳥島

に渡り、現地《げんち》調査をした。そのときオキノタユウの成鳥はわずか50〜60羽観察されただけだった。このとき、ひな21羽、若鳥《わかどり》1羽に足環標識が装着《そうちゃく》された。しかしまたもや、2カ月《げつ》後の6月に島民によってひな5羽が捕獲された。

現地調査を終えてもどった研究員からの報告を受けて、山階はオキノタユウの個体《こたい》数が著《いちじる》しく減少したことを知り、ただちに保護のための行動をとった。5月に、オキノタユウの保護を農林大臣に申し入れたのである（山階芳磨「山階鳥類研究所の日本産鳥類標本採集」『野鳥』第25巻2号78－80頁、1960年）。

その結果、鳥島は「オキノタユウ保護」のため、1933年8月13日から1943年8月12日までの10年間、禁猟区《きんりょうく》に指定された。また、小笠原諸島聟島《むこじま》列島も「オキノタユウ繁殖地《はんしょくち》保護」のため、1936年4月23日から10年間、禁猟区となった。そのころ、オキノタユウは「狩猟鳥獣《ちょうじゅう》」に指定されていて、捕獲自体を全面的に禁止することはできなかった。そのためやむを得ず「禁猟区」に指定したのである。

しかし、鳥島の島民は「禁猟区指定」のうわさをきいて、指定前に駆《か》けこみで約3000羽を捕まえてしまった。おそらく、海で過《す》ごしていた鳥たちが島に帰ってきたところを、つぎつぎに捕まえたのであろう。オキノタユウを保護しようという取り組みが、皮肉にも、いっそう激《はげ》しい捕獲を誘発《ゆうはつ》し、所期《しょき》の目的とは正反対の結果をもたらしてしまった。山階はくやしい思いをしたにちがいない。

おそらくそのころに捕まえられ、捨《す》てられたと推測されるオキノタユウの骨《ほね》が、現在でも鳥島の頂上部にまとまって残っている（**口絵写真参照**）。これらの骨を最初に見たとき、ぼくはそれが虐殺の痕《こん》跡《せき》とすぐには信じられなかった。強風によっておおっていた火山灰《かざんばい》が吹き飛ばされて、それまで埋《う》もれていた骨が露出《ろしゅつ》したのだった。

鳥島が再び噴火《ふんか》

1939年8月18日、鳥島で噴火が始まり、19、20日に住民26名は全員避難《ひなん》した。9月から10月にかけて噴火活動がつづき、爆裂火口はなくなり、その上に中央火口丘《かこうきゅう》が形成された。そこから大量の溶岩《ようがん》が吐《は》き出《だ》され、溶岩流《ようがんりゅう》となって集落をのみこんだ。また、大量の火山灰がオキノタユウの営巣地に降《ふ》って、積もった。この大噴火は激減《げきげん》したオキノタユウに追いうちをかけた。

この年の2月に完成した海軍水路部の鳥島観測所《かんそくしょ》に赴任した占部牛太郎《うらべうしたろう》は、そのころの海鳥の生息状況をつぎのように述べている。

「島の南側の一部に『あほうどり』が三十羽くらいいた。『禁鳥《きんちょう》、農林省』の立て札がかかげてあった。また、無数の海鳥（オーストンウミツバメ）が島に巣を作っていた。夜灯火《とうか》にむらがり集まるのを捕《と》えるのが楽しみであった。肉は少し固いが美味であった」占部牛太郎「恐怖《きょうふ》の思い出――昭和14年鳥島大爆発を体験して」気象庁《きしょうちょう》鳥島クラブ「鳥島」編集委員会編『鳥島』39―41頁、刀江書院《とうこう》、1967年

ここに述べられている「あほうどり」は、オキノタユウとクロアシオキノタユウが区別されず、2

種の総称《そうしょう》であると推測される。この本で、クロアシオキノタユウの写真に対して「あほうどり」と呼ばれているからである。それら2種を合わせても、生息数が30羽くらいまでへってしまっていた。オキノタユウ自体はごく少なくなっていたにちがいない。鳥たちは火山活動を避《さ》けて大海原で生活しつづけ、鳥島の繁殖地にはもどってこなかったのだろう。

第二次世界大戦中の１９４４年6月、鳥島には海軍防衛隊《ぼうえいたい》が駐留《ちゅうりゅう》し、一時３００人を超《こ》える兵員が滞在した。翌《よく》45年3月には１２０名が滞在し、その10月に終戦で全員が引きあげた。この海軍の部隊は〝潜水艦待遇《せんすいかんたいぐう》〟で、食糧《しょくりょう》は潤沢《じゅんたく》だったため、海鳥を捕まえて食べる必要がなかったという。戦後の１９４６年2月に、中央気象台《きしょうだい》鳥島臨時《りんじ》出張所《しゅっちょうじょ》を開設する準備《じゅんび》のために鳥島に上陸した23名は、上陸用舟艇《しゅうてい》が波で岩礁《がんしょう》に乗りあげて沈没《ちんぼつ》したため、本船に帰ることができなくなった。そのとき、かれらは海軍部隊の時代に備蓄《びちく》して残された缶《かん》づめを食べて飢餓《きが》に耐《た》え、10日あまりあとに救《きゅう》出《しゅつ》された。

１９４７年6月、中央気象台鳥島測候所《そっこうじょ》は無事、開設され、観測業務《かんそくぎょうむ》が始まった。その年の11月、商工省地下資源調査室《しげんちょうさしつ》は肥料《ひりょう》となる燐鉱石《りんこうせき》（グアノと呼ばれる海鳥の糞《ふん》）を探《さが》すために調査隊《ちょうさたい》を鳥島に送った。これに読売新聞の取材チーム、東郷《とうごう》博記者と武井《たけい》カメラマンが同行した。結局、燐鉱石は発見されなかったが、取材した二人は滞在中に鳥島の北側の斜面の麓で求愛のダンスをしている2羽の白いオキノタユウをやや遠くから見つけ、また1羽の若い鳥を撮影した。このとき、少なくとも3羽のオキノタユウがいたことはほぼまちがいない（東郷博「島の楽園 鳥島紀行」『山と渓谷《けいこく》』第１２０号41

―43頁、1949年、および1983年9月20日、東郷さん宅《たく》での会話、読売新聞社の写真資料《しりょう》）。

戦後の日本の鳥獣行政《ぎょうせい》を指導《しどう》したアメリカの鳥類学者で、連合国軍最高司令部・天然資源局野生生物課長のオリバー・オースチン博士《はかせ》は、戦時中に森林が伐採《ばっさい》されて林野が荒《あ》れはて、野生鳥獣がへってしまったのを回復《かいふく》するため、保護を徹底《てってい》し、狩猟を規制《きせい》するように日本政府《せいふ》に勧告《かんこく》した。その結果、1947年9月に「狩猟法施行《しこう》規則」の一部改正が行なわれ、狩猟鳥は半分にへって21種になった。そのとき初めて、オキノタユウは狩猟鳥獣から外されて、捕獲が禁止された。

「絶滅《ぜつめつ》」宣言《せんげん》

そのオースチンは、個体数がいちじるしくへっていたオキノタユウの繁殖状況を調査するため、1949年3月下旬《げじゅん》から4月上旬《じょうじゅん》に捕鯨船《ほげいせん》のキャッチャーボートに乗船して、この鳥の繁殖地として知られていた伊豆諸島鳥島と小笠原諸島聟島列島、西之島《にしのしま》を見てまわった。往路、鳥島に近づいたときは夜だった。復路、4月9日に鳥島に近づいたとき、オースチンは島を一周して船上からオキノタユウを探した。そのとき、鳥島には中央気象台鳥島測候所があり、15名が気象観測にたずさわっていたが、両者のあいだで相互《そうご》の連絡《れんらく》はなく、オースチンは島に上陸できなかった。ちょうど、親鳥が大きく成長したひなを育てている時期にあたり、しかも白くて大型の目立つ鳥であるにもかかわらず、それらの島じまやその周辺の海域《かいいき》で、かれはオキノタユウを1羽も確認《かくにん》することができなかった。

また、文献《ぶんけん》資料や専門家からの聴《き》きとり調査により、繁殖地であった尖閣諸島《せんかくしょとう》や台湾《たいわん》周辺の島じまでも、この鳥の生存《せいぞん》の可能性《かのうせい》はほとんどないと判断《はんだん》し、その年の10月、「オキノタユウの現状《げんじょう》」という論文《ろんぶん》を学術雑誌『パシフィック・サイエンス』第3巻4号に発表した。1930年代末から40年代に、北極海の入口にあたるチュコート海やカリフォルニア沖、北西ハワイ諸島などの繁殖地から遠く離れた海域や小島で、何羽かのオキノタユウが目撃《もくげき》された。そうした事実を踏《ふ》まえ、未踏《みとう》の孤島《ことう》に数組のつがいが生き残っている可能性を否定《ひてい》できないとしながらも、オースチンはこの鳥が「人間の無《む》思慮《しりょ》と貪欲《どんよく》の犠牲《ぎせい》」になったにちがいないと結論《けつろん》し、この種の「絶滅《ぜつめつ》」を宣言した。

北太平洋西部のいくつかの島じまで大集団《だいしゅうだん》をなして繁殖し、亜熱帯《あねつたい》以北の北太平洋の外洋域から沿海《えんかい》まで広く分布していたオキノタユウは、人間に対してまったく害も与《あた》えなかったにもかかわらず、大虐殺《だいぎゃくさつ》によって急速に数をへらし、地球上から姿を消した。すべての繁殖集団を合わせれば数百万羽になったオキノタユウは、約60年間でとりつくされ、広大な北太平洋からほとんど一掃《いっそう》されてしまった。人間はまさに暴虐《ぼうぎゃく》のかぎりをつくしたのである。

同じように、乱獲によって地球上から姿を消した鳥がいる。北アメリカの中東部に数十億羽という数で生息していたリョコウバト（**写真**）は、食料にするために毎年100万羽も捕獲され、1914年に最後の個体が死亡《しぼう》して、地球上から絶滅した。わずか半世紀《はんせいき》で数十億羽が0羽になった。また、北大西洋北部の海域に生息し、孤島で巨大《きょだい》集団をなして繁殖していた飛翔力のない潜水《せんすい》性の大型海鳥、オオウミガラス（**写真**）も人間に捕獲されて、1844年に最後の1羽が死亡した。インド洋のモーリシャス島に生息していた飛べない大型のハトの仲間、ドードー（**写真**）も人間に捕まえられて、1

リョコウバト（大英自然史博物館・剥製標本）。

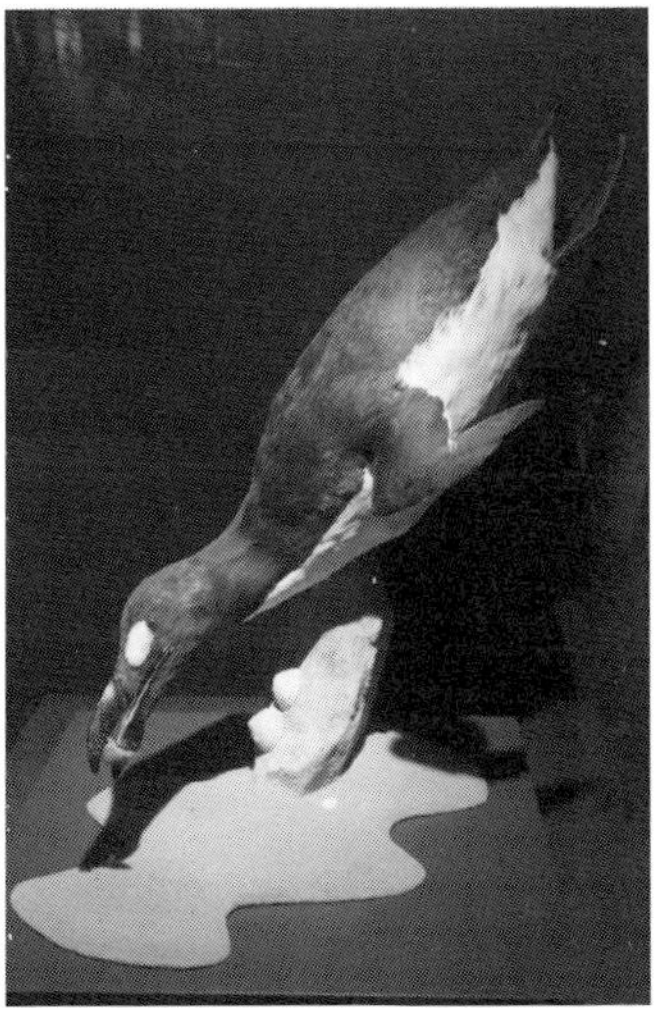

オオウミガラス（大英自然史博物館・複製標本）。

670年以降《いこう》、その姿が見られなくなった。オキノタユウもそうした鳥の一種になったと信じられた。いくら捕まえてもいなくならないと思われた生物でも、大量に捕獲されれば絶滅する。地球上で無尽蔵《むじんぞう》などということはあり得ないのだ。

しかし、これらの絶滅した鳥たちは人間に反省を促《うなが》し、鳥類保護のきっかけをつくった。もう、同じ過《あやま》ちをくり返さないようにと、それらの剥製《はくせい》標本や複製《ふくせい》、図像《ずぞう》はいつも人びとに訴《うった》えている。

ドードー（大英自然史博物館・複製標本）。

＊2017年に東京の国立科学博物館で開催《かいさい》された「大英自《し》然《ぜん》史《し》博物館展《てん》」に展示《てんじ》された生物標本を撮影。

第2章　保《ほ》護《ご》――数十羽《ぱ》から5000羽《ば》に

「再発見《さいはっけん》」

1951年1月6日、その日は晴れて風はなく、海はなぎ、おだやかだった。鳥島測候《そっこう》所長の山本《やまもと》正司《しょうじ》さんは、その陽気《ようき》に誘《さそ》われて、火山活動を調査《ちょうさ》するために一人で、鳥島の西端《せいたん》の初寝崎《はつねざき》から海岸にそって東に向かって歩いた。燕崎《つばめざき》に出て50メートルの崖《がけ》を登りきると、急傾斜《きゅうけいしゃ》の斜面《しゃめん》に出た。そこには大きな鳥が何羽《なんわ》もいた。初め、海岸に近い場所で黒いクロアシオキノタユウに出会った。そのひなもいた。親鳥が向かってきたので驚《おどろ》いた。上の方に白いオキノタユウもいた。おとぎの国に踏《ふ》みいった気持ちになり、興奮《こうふん》して、山本さんはそれらを別べつに数えることができなかった。燕崎の斜面を上りきって崖にたどりつき、それをよじ登って崖の上に出て、測候所にもどった。動物図鑑《ずかん》で調べると、その鳥は絶滅《ぜつめつ》したはずのオキノタユウであると分かった。

測候所のきまりでは、安全を図《はか》るために、一人で外出して島内を歩いてはいけないことになっていた。それを責任者《せきにんしゃ》の山本さんが破《やぶ》ってしまい、ちょっとまずいことになった。

鳥島でオキノタユウを再発見（1951年1月9日、山本正司撮影）。

再発見を確認した測候所員（1951年1月9日、山本正司撮影）。

3日後の1月9日に、今度はほかの測候所員10人といっしょに燕崎に行って、オキノタユウの生存《せいぞん》を確認《かくにん》した（写真）。このとき、信用されないかもしれないから、生《い》け捕《ど》りにして飼育《しいく》し、あとで上野動物園に寄贈《きぞう》して専門家《せんもんか》に鑑定《かんてい》してもらおうということになった。オキノタユウ1羽とクロアシオキノタユウ2羽を捕《つか》まえ、オキノタユウだけを測候所に持ち帰った。そのとき体重を測定《そくてい》した。オキノタユウが6・0キログラム、クロアシが3・1と3・0キログラムで、卵《たまご》の重さは、オキノタユウ100匁《もんめ》（375グラム）、クロアシ70匁（263グラム）だった。えさとして魚を与《あた》えたが、まったく食べなかったので、結局、放すことにした。

そののち1954年に、オキノタユウの「再発見」は中央気《き》象《しょう》台《だい》が発行する『中央気象台測候時報《じほう》』（第21巻《かん》232―233頁《ページ》）に報告《ほうこく》された。1988年3月29日、山本正司さんが自宅《じたく》で「鳥島滞在《たいざい》日記」をもとに説明

そのころ、おそらく10羽あまりが繁殖地《はんしょくち》にいたのであろう。

当時、海で過《す》ごしていた個体《こたい》を含《ふく》めても、地球上に生存していた総個体数《そうこたいすう》はおそらく100羽には届《とど》かず、2桁《けた》の数十羽ほどだったにちがいない。それまでオキノタユウが見つからなかった理由の一つに、終戦から間もない当時、測候所の物資《ぶっし》が足りなかったことがあげられるだろう。とくに靴《くつ》は品質《ひんしつ》が悪く、破れやすかった。ざらざらした火山砂《かざんさ》の斜面を歩けば、靴底《くつぞこ》はすぐにへる。しかも交換品《こうかんひん》が少なかった。そのため、靴をたいせつに使わざるを得《え》ず、島内をあちこち歩きまわる余裕《よゆう》はなかったという。

コラム　山本正司さん

（1992年7月、著者撮影）

「アホウドリ再発見の思い出」

昭和22年、中央気象台は台風予報《よほう》・梅雨《ばいう》前線の把握《はあく》などを重点として鳥島測候所を開設《かいせつ》しました。なお、自衛《じえい》のためもあり地震《じしん》、火山（地温・噴気《ふんき》温度）、海水などの観測《かんそく》も行ないました。職員《しょくいん》は約15名で、3カ月交替勤務《こうたいきんむ》でした。自活《じかつ》のため、ブタやニワトリも飼育しました。日常《にちじょう》の生活は規則正《きそくただ》しいルーチンの交替勤務で、単調ではあるが楽しい自《じ》治《ち》自活の生活でした。測候所開設以来、人の住む島となったのであるが、庁舎《ちょうしゃ》が西斜面にあったため、昔話《むかしばなし》は知っていたが、アホウドリの現状《げんじょう》には気づかずに過ぎました。

私《わたし》が滞在したのは、昭和25年暮《く》れから3カ月でした。そのころ伊豆《いず》大島の三原山の噴火《ふんか》があり、鳥島の火山活動がやや活発化していて、その静動《せいどう》に注意をはらっていたところでした。そこへ、気象台本部から電報《でんぽう》で注意を喚起《かんき》されたこともあって、昭和26年1月6日、その日は絶好《ぜっこう》の日和《ひより》で海も穏《おだ》やかだったので、今日こそ、できるだけ島内を見廻《みまわ》ろうと心に決めました。

西の海岸で釣《つ》りを見物したあと、一人で海岸を歩いて南崎《みなみざき》をへて三ツ石《みついし》あたりまで進みました。途中《とちゅう》、異常《いじょう》はみられず、断崖《だんがい》上の旧火口跡《きゅうかこうあと》が恐《おそ》ろしげで、それが印象的《いんしょうてき》でした。あたりを見回しながら南斜面の崖に到着《とうちゃく》し、初めてこの崖を登ることにしました。やっとのことで、２、３の崖を登りました。そのとたん、かなり急な崩落《ほうらく》斜面が目の前に広がりました。

この場所は、東側が旭山《あさひやま》の急斜面《きゅうしゃめん》、西側は月夜山《つきよやま》の断崖、北側は子持山《こもちやま》の断崖、南は海にせまった絶壁《ぜっぺき》に囲《かこ》まれている、広さ約１００メートル四方、傾斜《けいしゃ》30度くらいの崩下堆積物《ほうかたいせきぶつ》の斜面で、ハチジョウススキが点在《てんざい》する。北西の季節風を避《さ》け、外敵《がいてき》の侵入《しんにゅう》の恐れのないまったくの安全地帯である。このような特殊《とくしゅ》な環境《かんきょう》のため、長い間、在島《ざいとう》の人たちに気づかれなかったのであろう。

崖をよじ登ってこの斜面に出ると、突然《とつぜん》、黒灰色《こくかいしょく》のガチョウより大きい鳥が目に入った。１羽が見張《みは》り、１羽が卵を抱《だ》いているのがそこここに見えた。この斜面の上の方に、白い同じような鳥がいた。１００羽くらいだっただろうか。近づくと、くちばしでパクパクと音をたてながら迫《せま》ってきた。また、あちこちでモウモウとウシのような声がした。かれらはにわかの侵入者《しんにゅうしゃ》に驚いたらしいが、すぐには飛び立てない。まず、ゲイゲイと緑色の油のようなものを吐《は》き出《だ》してから、斜面をよちよち歩いて勢《いきお》いをつけて飛び立った。その飛ぶ姿《すがた》は悠揚《ゆうよう》たるものがあった。

巣は、ハチジョウススキの株《かぶ》のかたわらの砂地《すなじ》に、卵が入るくらいの深さに掘《ほ》ったへこみで、そこに卵が一つ、あるいは黒い産毛《うぶげ》のかえったばかりのひなが一羽みえた。部屋に帰って動物図鑑を調べて、この島がアホウドリ、クロアシアホウドリであることが分かった。帰任《きにん》後、上司の指導《しどう》の下に、このことを役所の研究報告に掲載《けいさい》し、日本鳥学会などにも報告され、アホウドリの生存が確認された次第《しだい》であった。

なお、アホウドリを初めてみつけたとき、珍《めずら》しいから動物園に寄贈しようというので、一羽捕まえて、生きたえさを与えてニワトリ小屋で飼育しようと試みたが、3日たっても慣《な》れないので放した。疲《つか》れもみせず悠々《ゆうゆう》と海のかなたに飛び去った。1999年10月、東邦《とうほう》大学理学部公開講座《こうざ》「アホウドリ1000羽復活《ふっかつ》記念講演会《こうえんかい》」の講演要旨《こうえんようし》

最初期の保護活動

1952年10月、鳥島測候所は鳥島気象観測所《かんそくしょ》と名前が変わり、高層《こうそう》気象の観測や台風の監視《かんし》、火山観測が業務《ぎょうむ》に加わった。さらに1953年から、観測所員はアホウドリの監視記録と保護活動にもたずさわった。繁殖状況《はんしょくじょうきょう》の調査や営巣《えいそう》地の草むらの育成だけでなく、戦時中に海軍によって持ちこまれ、野生化したネコの駆除《くじょ》などにも取り組んだ。一時、ノネコは30頭以上にふえ、ひなを捕《ほ》食《しょく》するおそれがあったからである。

オキノタユウは毎年10月上旬《じょうじゅん》に繁殖地にもどり、10月下旬《げじゅん》から11月にただ1個《こ》の卵を産む。雌雄《しゆう》交替で約65日間にわたって卵を抱き、12月末から翌年《よくねん》1月にひなが誕生《たんじょう》し、両親に保育《ほいく》されて育つ。そして、ひなは5月前半に巣立つ。

表2　再発見から間もないころのオキノタユウの繁殖状況

繁殖年度（産卵年）	カウント数	卵の数	巣立ち数
1953	13	-	-
1954	25	7	3
1955	28	12	3
1956	20	12	8
1957	30	13	5
1958	25	10	9
1959	22	10	0
1960	30	19	7
1961	35	24	10
1962	44	23	10
1963	44	26	11
1964	52	28	11
1965	42	-	-
1966	49	-	-

鳥島気象観測所の観察記録、および渡部栄一「鳥島のあほう鳥」気象庁編『南鳥島・鳥島の気象累年報および調査報告』156-168頁、1963年；藤澤格『アホウドリ』刀江書院、1967年などによる。

鳥島気象観測所の人たちによって行なわれた、再発見から間もないころの繁殖状況調査の結果を**表2**に示《しめ》す。

　こうして、オキノタユウの個体数《こたいすう》は非常《ひじょう》にゆっくりではあるが着実にふえていった。のちの研究でわかったことだが、オキノタユウの多くの個体は産卵《さんらん》から数えて、もっとも早くて2年後、大半は3年後から繁殖地に帰り始める。また、初めて繁殖する年齢《ねんれい》は、もっとも早くて5歳《さい》で、平均《へいきん》では約7歳である。そのことを考えると、再発見後の１９５０年代に巣立った幼鳥《ようちょう》が、成長して鳥島にもどってきて繁殖集団《しゅうだん》に加わり、つがい数がふえたという説明では不十分である。活発化した火山活動の影響《えいきょう》を避けて、１９４０年代から50年代の期間を大《おお》海原《うなばら》で過ごしていた数十羽の成鳥が少しずつ鳥島に帰ってきて繁殖を始めたという説明の方が、筋《すじ》が通るだろう。そのとき、気象観測所の人たちの保護活動によってよい営巣場所がつくられ（**写真**）、鳥たちの繁殖活動が進ん

1960年代前半の営巣地（1964年秋、藤澤格撮影）。

だにちがいない。

このあいだに、オキノタユウに対する法的保護が進み、１９５６年に東京都の天然記念物に仮指定《かりしてい》され、１９５８年に国の天然記念物に指定された。さらに、１９６２年には国の特別天然記念物に指定され、１９６５年にはオキノタユウの保護のために鳥島全体が「天然保護区域《くいき》」として天然記念物に指定された。また、１９６０年６月に東京で開催《かいさい》された国際《こくさい》鳥類保護会議の総会《そうかい》で、オキノタユウはトキとともに、世界でもっとも絶滅の危機《きき》に瀕《ひん》し、緊急《きんきゅう》の保護が必要だとされる「国際保護鳥《ほごちょう》」に指定された。このとき、国際保護鳥は合計13種で、残念ながらそのうち２種が日本の鳥だった。

気象観測所の閉鎖《へいさ》

こうして、鳥島でオキノタユウの保護が順調に進みかけたとき、１９６５年11月13日に鳥島で震度《しんど》４の地震が起こり、つづいて有感地震や火山性《かざんせい》微動《びどう》が群発した。この状況の報告を受けて、気象庁《きしょうちょう》は火山活動の活発化を懸念《けねん》し、11月16日に鳥島気象観測所を閉鎖して、全員を引きあげさせた。そして、鳥島は無人島にもどり、オキノタユウの監視《かんし》調査と保護活動はとだえた。

それからの2年間に、気象庁によって火山活動の調査や気象観測がたびたび行なわれた。そのうち、オキノタユウの繁殖期にあたる時期には5回行なわれたが、噴火の危険《きけん》を避けて上空の飛行機や近海の船からのことが多く、上陸調査はたった1回であった。しかも、オキノタユウの繁殖状況は調査されなかった。そして1967年春、気象観測所は休止状態《じょうたい》になり、秋以降《いこう》は鳥島の火山活動を警戒《けいかい》して、上陸調査はまったく行なわれなくなった。

オキノタユウとの出会い

ちょうどそのころ、1967年4月、ぼくは京都大学農学部農林生物学科に入学した。静岡市の山間にある農村の小集落で生まれたぼくは、小学生高学年のころから鳥に興味《きょうみ》をもち、メジロやヤマガラを飼育し、山や河原《かわら》をかけずりまわって鳥の巣を探《さが》し、いろいろな種類の鳥の鳴き声を頭の中にいれていた。しかし、学業に秀《ひい》でているわけではなかったので、鳥の研究をして生計を立てる自信はなく、鳥の観察は趣味《しゅみ》としてつづけ、害虫防除《ぼうじょ》を専門《せんもん》とする農業技術者《ぎじゅつしゃ》をめざしていた。なによりも、野外で体を動かしながら生物の調査をしたいと思っていた。

入学が決まり、3月下旬《げじゅん》に京都に行って、これからは自分自身で自由に鳥の勉強をしようと思い、さっそく大学生協の書籍《しょせき》部に向かった。そこには鳥の専門書《せんもんしょ》が置いてあるはずだと考えたのだ。

最初に買った本は、小鳥のシジュウカラの生態《せいたい》と行動についてくわしく解説《かいせつ》した『鳥類の生活』（浦本昌紀《うらもとまさのり》著、紀伊國屋《きのくにや》書店、1965年）だった。これを1カ月かけてていねいに読んだ。シジュウカラの日常生活や繁殖、行動だけでなく、鳥の個体数の変動も分析《ぶんせき》されていた。ぼくはそのような研究分野があることを初めて知り、興味をもった。

そのすぐあとに見つけたのが『アホウドリ』（藤澤格《ふじさわいたる》著、刀江《とうこう》書院、1967年）で、3月30日発行の最新刊《さいしんかん》だった。ただ、2000円と値段《ねだん》がとても高く、まず教科書を購入《こうにゅう》する必要があり、その本を買ってしまうとお金が足らなくなるので、我慢《がまん》することにした。生協書籍部の在庫《ざいこ》は1冊《さつ》だけで、もしかしたらライバルがいるかもしれないと心配した。しかし、その本は売れずに残っていた。

4月末に仕送りが届いたので急いで買いに行き、ゴールデンウィークの連休中にわくわくしながら何回も読んだ。著者の藤澤格さんは、1960年代前半に鳥島気象観測所に何度も勤務し、現場《げんば》で監視調査や観察、保護活動にたずさわった人で、この本にはオキノタユウについての最新情報《じょうほう》が満載《まんさい》されていた。そのとき、いつかこの鳥を見に行きたいと思ったが、その繁殖地は定期船が通わない絶《ぜっ》海《かい》の孤島《ことう》にあり、上陸はとうていかなわないだろうと感じた。そして、のちに自分がこの鳥の保護に関わるとは、夢《ゆめ》にも思わなかった。

もう一つの出会い

1960年代の末、全国各地の大学でさまざまな問題が噴《ふ》きだし、激動《げきどう》の時代が幕《まく》を開けた。それを経験《けいけん》して、未来は予測《よそく》できないと感じたぼくは、一度だけの人生を思いっきり好きなことをして過ごそうと決意し、進路を変更《へんこう》した。鳥類の生態学《せいたいがく》を本格的《ほんかくてき》に学ぼうと考え、理学研究科の大学院に進学して、動物生態学を専攻《せんこう》することにした。

博士課程《はくしかてい》に在籍《ざいせき》していた1973年5月7日の午後、ぼくはまったく偶然《ぐうぜん》にイギリス人鳥類学者、ランス・ティッケル博士と出会った。かれは伊豆諸島《しょとう》の鳥島に上陸してオキノタユウの繁殖状況を調査したばかりで、神戸に上陸して東京に向かう途中、たまたま京都大学の理学部動物学教室に立ちよったのだった。ぼくは大学院生で、キセキレイという小鳥の繁殖生態と行動を研究していた。ちょうど2日前に1回目営巣のひなが巣立ったので、その日は少しのんびりと過ごしていた。

廊下《ろうか》で出会った先生から、「イギリス人の鳥の研究者がきているから、話をしにこないか。研究についてのヒントをもらえるかもしれないよ」と誘《さそ》われた。ぼくは鳥類生態研究をしている仲間2人といっしょに会いに行き、1時間ほどティッケルさんと話をした。そして、午後遅《おそ》くに自然人類学研究室で開催《かいさい》された、かれのセミナーに出席した。南極に近いサウスジョージア島でオキノタユウ類、とくに世界最大のワタリオキノタユウの繁殖生態を研究した記録映画《えいが》も上映《じょうえい》され、ぼくは目を見はった。夕方、大学の近くの居酒屋《いざかや》でティッケルさんを囲む会があり、ぼくも参加した。ぼくはビールを飲んで気が大きくなり、いずれは海鳥類の研究をしてみたい、などと口走ったにちがいない。

ティッケルさんはニューヨーク動物学協会から資金援助《しきんえんじょ》を受け、イギリス海軍の支援《しえん》によって日本の孤島で繁殖する絶滅のおそれのある海鳥の調査をした。当時、かれはウガンダのカンパラにあるマ

1973年５月の営巣地（1973年５月１日、ランス・ティッケル撮影）。

ケレレ大学に勤《つと》めていた。そこからナイロビを経《へ》て香港《ホンコン》に飛び、フリゲート艦《かん》ブライトンに乗船して小笠原諸島《おがさわらしょとう》父島に向かった。父島で一人の日本人研究者を乗せ、４月29日に鳥島に上陸し、オキノタユウのひな24羽と成鳥25羽を観察した（**写真**）。５月３日に駆逐艦《くちくかん》アントリムが鳥島に接《せっ》近《きん》し、搭載《とうさい》されたヘリコプターで調査チームを引きあげ、神戸まで送《おく》り届《とど》けたのだった。イギリス海軍は、キャプテン・クックの太平洋探検《たんけん》やチャールズ・ダーウィンのビーグル号航海《こうかい》など、学術《がくじゅつ》探検を支援する伝統《でんとう》を維持《いじ》していた。日本ではとうてい考えられないことだった。

気象観測所が閉鎖されて無人島になってからおよそ8年間、火山噴火のおそれがあって危険だという理由で、日本の研究者はだれ一人、鳥島に上陸しなかった。ぼくは、日本の研究者は怠慢《たいまん》ではないかと思った。遠いアフリカから鳥島にやってきて調査したティッケルさんの行動力に、ぼくは大きな刺激《しげき》を受けた。それよりはるかに近い日本本土に住んでいるぼくに、鳥島調査ができないはずはなかった。

そのあと、手紙をやり取りして、かつての繁殖地である小笠原諸島聟島《むこじま》列島や尖閣《せんかく》諸島についての情報を集め、鳥島だけでなく、それらの無人島に上陸して繁殖状況を調査する研究計画をまとめ、ティッケルさんが研究費《けんきゅうひ》を申請《しんせい》した。ぼくは、調査に同行して訓練を受ける予定だった。残念ながら、申請は採択《さいたく》されなかったが、オキノタユウの保護研究に対するぼくの気持ちはだんだんと強くなっていった。

その後、ウガンダの軍事独裁政権《どくさいせいけん》による迫害《はくがい》を避けて、ティッケルさんはケニアのナイロビ大学に移《うつ》った。ぼくの気持ちを察してか、かれから届いた1975年11月5日付けの手紙には、次のように書かれていた。

「日本には、君のほかに何人もの鳥類研究者がいて、たとえば山階芳麿《やましなよしまろ》教授《きょうじゅ》のように、そのうち数人は非常に著名《ちょめい》だ。また、オキノタユウについて君よりもはるかに経験を積んでいる。だけど、鳥島に上陸して崖をのぼりおりして営巣地にたどりつくのはたいへんで、若《わか》くて元気な人が必要だ。鳥島は日本の島であり、そこで繁殖する絶滅のおそれのある鳥類の保護は日本が責任《せきにん》を負っている。だから、オキノタユウの個体群《こたいぐん》監視調査と保護は、君のような若い日本の鳥類学者の手によるのがふさわしい」

この手紙によってぼくは強く背《せ》を押《お》され、オキノタユウ集団の繁殖状況監視調査と保護研究を決意した。

コラム　ランス・ティッケル博士（１９９５年8月、タスマニアのホバートで著者撮影）

「海洋鳥類学の先駆者《せんくしゃ》」

ランス・ティッケル博士はウェールズの大学を卒業したあと、１９５４年にイギリス領《りょう》フォークランド諸島に赴任《ふにん》し、気象観測に従事《じゅうじ》した。その後、南極に近いサウス・オークニー諸島に派遣《はけん》され、基地《きち》で観測業務にあたりながら、建物の建て直しから諸島全域《ぜんいき》の探険《たんけん》調査、海洋生物の採集《さいしゅう》、海鳥類の野外調査まで行なった。

１９５７年に本国にもどり、オックスフォード大学のエドワードグレイ野外鳥類学研究所でデビッド・ラックの指導のもとで海鳥生態研究をまとめた。つぎの年、かれは仲間と2人でサウスジョージア諸島に探険に出かけ、そこに4カ月間滞在して、オキノタユウ類を研究するための野外基地《きち》を立ち上げた。そして１９６０年から64年に、サウス・ジョージア諸島のバードアイランド（鳥島）でオキノタユウ類、とくにワタリオキノタユウの野外研究に取り組んだ。

１９６６年、イギリスのオックスフォードで開催された国際鳥類学会議で山階芳麿博士と会い、気がかりだった日本のオキノタユウの現状について情報交換《こうかん》をした。そのあと、アフリカの大学で教え、１９７３年4～5月に伊豆諸島鳥島に上陸して、オキノタユウの繁殖状況を調査した。その前に、日本の研究機関と鳥島調査の可能性《かのうせい》について手紙でやりとりしたが、好ましい返事がえられず、しかたなくイギリス海軍に支援を働きかけたと、のちに語った。

さらにそののち、政治《せいじ》状況が不安定になったアフリカを離《はな》れて、イギリスのブリストルでイギリス放送協会（ＢＢＣ）自然史《しぜんし》部門のプロデューサーとなり、自然番組を制作《せいさく》した。そのうちの一つが〝マラソン・バード〟で、１９９１年３月10日に放送され、世界のオキノタユウ類のほぼ全種について、繁殖地でのさまざまな行動や洋上での生態、人間とのかかわりなどを動画でくわしく紹介《しょうかい》した。この番組のため、ぼくは１９９０年11月に、鳥島でのオキノタユウとクロアシオキノタユウの撮影《さつえい》に協力した。

また、かれはブリストル大学とかかわりを持ちながら、さまざまな学術文献《ぶんけん》を読みこんで、オキノタユウ類についての大著《たいちょ》をまとめた（Ｗ．Ｌ．Ｎ．ティッケル『オキノタユウ類』４４８頁、パイカ出版、２０００年）。そのあとも執筆《しっぴつ》はおとろえをみせず、１９５８年から１９６４年当時のフィールドノートにもとづいて『サウスジョージア諸島探険記《たんけんき》』を書き上げた、と手紙で知らせてくれた（未刊《みかん》行《こう》）。かれは、動物学者、自然科学者、大学教員としてだけではなく、探検家《たんけんか》、自然番組制作者《せいさくしゃ》としても活躍《かつやく》し、２０１４年６月10日、イギリスのブリストルで83年の生涯《しょうがい》を閉《と》じた。

ほかにも、ティッケルさんの調査に刺激された人がいた。日本放送協会（ＮＨＫ）のテレビ番組の制作・取材チームは、１９７３年10月から翌《よく》年５月までの間に鳥島に５回上陸して、取材した。73年11月に上陸したとき、成鳥と若鳥《わかどり》を合わせて63羽を観察した。つづいて１９７４年２月中旬《ちゅうじゅん》に上陸したとき、ひな数はたった11羽だった。このとき、ふ化《か》しなかった卵を７個も確認し、成鳥の死体を２羽見つけた。そのうちの１羽には足環《あしわ》がついていて、気象観測所があった１９６５年３月につけられたもので、その個体は9歳であった。

　この取材の成果は『日本の自然　国際保護鳥アホウドリ』という番組になって、1975年1月に放送され、英語版《えいごばん》も制作されて、その年のモンテカルロ映画祭《えいがさい》に出品された。ぼくは、番組ディレクターだった武内貞親《たけのうちよしちか》さんと連絡《れんらく》をとることができ、1975年10月初めに東京で会って、鳥島に行く船や上陸に適《てき》した場所やその方法など、いろいろなことを教えてもらった。しかし、繁殖つがい数の調査にもっとも適した11月半ばまでに時間がせまっていて準備《じゅんび》する余裕がなく、結局、その年は鳥島に行くことをあきらめた。

初めて鳥島へ

　1年後の1976年11月16日午前、鳥島が無人島になってからちょうど11年後に、ぼくは、東京都水産試験場大島分場の漁業調査指導船「みやこ」に乗船して、伊豆大島南端《なんたん》の波浮港《はぶみなと》を出帆《しゅっぱん》した。船は三宅島《みやけじま》、八丈島《はちじょうじま》などの伊豆諸島にそって南下し、17日に鳥島に立ちより、さらに南下して小笠原諸島父島まで航海する計画だった（170頁地図参照）。

　海がおだやかになるのを待って、出発した。天気は晴れ、北東の風、風力4。海は少し荒《あ》れていた。ぼくは、双眼鏡《そうがんきょう》とフィールドノートを手にして船の上部甲板《かんぱん》に立ち、日没《にちぼつ》まで観察をつづけようと、はりきっていた。しかし、30分くらいすると波がやや高くなり、あくびが出て船酔《ふなよ》いの症状《しょうじょう》があらわれた。出港から50分後、船はちょうど浅い海域《かいいき》に差しかかり、白波が立ち始めた。30羽目のオオミズナギドリを観察したとき、ぼくは我慢《がまん》ができなくなり、トイレに駆《か》けこんで、もどした。そのあと、船室のベッドで横になり、ひたすら船酔いに耐《た》えた。その日、ベッドから起き上がることさえできなかった。

翌日《よくじつ》、やっとのことで起床《きしょう》し、朝7時からブリッジの左舷《さげん》側で椅子《いす》に腰《こし》かけ、観察を始めた。伊豆大島からすでに４００キロメートル南下し、岩塔《がんとう》のような須美寿島《すみすじま》のすぐそばを通過《つうか》した直後だった。昇《のぼ》ったばかりの太陽が輝《かがや》き、約２００メートル先の海上に、逆光《ぎゃっこう》の中で両翼《りょうよく》をまっすぐに伸《の》ばして飛翔《ひしょう》するオキノタユウの成鳥のシルエットが見えた。初めて見るオキノタユウだったが、遠過ぎて双眼鏡《そうがんきょう》でもくっきりと見えなかった。

天気は晴れ。南東の風、風力2。海にはうねりが残っていたが、白波はなく、おだやかだった。しかし、船酔いはつづいていた。船内ではまったく食事をとれなかったので、胃《い》の中は空《から》っぽだった。それでも吐《は》き気《け》がして、ときどき胃が痙攣《けいれん》してキリキリと鋭《するど》い痛《いた》みが走り、どっと冷《ひ》や汗《あせ》が出た。立ち上がれないほどつらかったが、船室に逃《に》げこむわけにはゆかなかった。

昼過《ひるす》ぎ、ようやく鳥島に接近した。島の西端《せいたん》にある旧《きゅう》気象観測所の建物がくっきり見え、うねる波が海岸の岩にあたって水しぶきが数メートルの高さに立ち上がった。13時直前、１羽の大きな白い鳥が約１００メートル左前方に姿を現《あらわ》した。すぐに双眼鏡の視野《しや》にとらえた。濃青色《のうせいしょく》の海の上をグライダーのように飛んでいるオキノタユウの成鳥だった。船の舳先《へさき》から飛び散った水しぶきに、小さな虹《にじ》が出た。初めて美しい成鳥を間近に見て、感動した。その一瞬《いっしゅん》、船酔いは消えた。

そのあと船は島の南側にまわり、オキノタユウの集団営巣地がある燕崎の沖にとまった。それから約15分間に、ぼくは卵を抱いている成鳥や求愛ダンスをしている若い鳥、上空を飛んでいる鳥を双眼鏡で観察し、ハンドカウンターで数えた。また、カメラで集団営巣地を撮影した。

燕崎の斜面で、向かって右側の区域に18羽、中央の浅い谷の部分に4羽、左側の区域に43羽、営巣地の上空を飛んでいる個体が1羽、周辺の海上を飛んでいる個体が2羽、合計68羽が観察された。そのとき、抱卵《ほうらん》中のつがいの数を確認することはできなかったが、大学にかえってから撮影した写真の拡大《かくだい》プリントをくわしく調べて、40〜45組くらいだろうと推測《すいそく》した。

そのあと、船は南に針路《しんろ》を取り、小笠原諸島父島へ向かった。船酔いは翌日、父島の二見港《ふたみこう》に入港するまで、約50時間もつづいた。

初上陸

鳥島に上陸するチャンスが4カ月後にやってきた。11月の調査のとき、ぼくは「みやこ」の乗組員や水産試験場の人たちに、春に上陸してひなの数をぜひとも調査したいと強くお願いをしておいた。その結果、東京都八丈支庁《しちょう》が約20年ぶりに派遣する鳥島現状調査チームに鳥類の専門家として推薦《すいせん》され、加えてもらうことができた。

海が荒れたため、予定より3日遅《おく》れて、1977年3月18日の早朝、「みやこ」は伊豆大島波浮港を出港した。波は低く、海はおだやかだった。前回、船酔いに苦しんだので、このときは1時間観察して30分休むことをくり返した。それでも、数回、もどしてしまい、食事をとれなかった。船から海上を飛翔するたくさんのオオミズナギドリを観察することができたが、オキノタユウ類の姿は見つからなかった。

その日の夕方、船は八丈島の底土港《そこどこう》に接岸《せつがん》して八丈支庁の調査チーム5名を乗せ、ただちに鳥島に向かった。19日の午前に、船は鳥島についた。しかし、その日は波が高く、上陸はできなかった。船は風下側に避難《ひなん》した。島陰《しまかげ》になった海はおだやかだったので、この日の夕方、ようやく少量の食事をとることができた。

20日の朝、ご飯と納豆《なっとう》、漬《つ》け物《もの》、みそ汁《しる》で、しっかりと食事をとった。どうにか体が船のゆれになれたようだった。午前9時、ついに念願の鳥島上陸をはたした。それから3日間、22日午後5時に船にもどるまで、まさに夢中《むちゅう》で調査と観察をつづけた。

ひなはたった15羽だった。それらすべてに金属《きんぞく》の足環をつけた。その他にひなの死体が4羽も見つかり、うち3羽はかなり大きく、1羽は小さかった。また、成鳥と若鳥を合計71羽観察し、そのほかに営巣地で3羽の死体を発見した。それらのうち2羽は白骨化《はっこつか》していて、ティッケルさんがつけた白いプラスチックの足環をはめていた。生きていれば4歳だった。もう1羽は死後まもない死体で、内臓《ないぞう》が残っていて周囲《しゅうい》に羽毛《うもう》が散らばっていた。その原因《げんいん》はわからなかったが、事故《じこ》死のあとクマネズミに食《く》い荒《あ》らされたか、ワシ類に襲《おそ》われたのではないかと推測された。この個体には足環がついていなかった。足環つきの死体より白い羽毛がやや多く、後頭部に黒褐色《こつかつしょく》の羽毛が残っていたから、

表3　鳥島集団の監視調査を再開したころの観察結果

繁殖年度（産卵年）	1973	1974	1976
調査時期	4月	10〜5月	11、3月
調査者	ティッケル	NHK	著者
成鳥・若鳥カウント（羽）	25	63	71
成鳥・若鳥の死体（羽）	0	2	3
生まれた卵（個）	-	-	40〜45（推定）
ふ化しなかった卵（個）	0	7	0
巣立ったひな（羽）	24	11	15
ひなの死体（羽）	0	0	4

W. L. N. ティッケル「1973年のオキノタユウの現状についての観察」『国際鳥類保護会議会報』12巻125-131頁、1975年および武内貞親さんによる観察記録を1975年10月5日に聴きとり。

この個体は他の2羽より年齢が上で、5〜6歳ではないかと思われた。

緊急事《じ》態《たい》

これらの観察結果は、**表3**のようにまとめられる。営巣地でカウントされた成鳥と若鳥の個体数は約70羽で、1960年代半ばの約50羽と比《くら》べて、約1・4倍に増加《ぞうか》した。くわしく調査されなかったが、生まれた卵の数、すなわち繁殖つがい数もほぼ同じ程度《ていど》にふえているはずである。それに対して、巣立つひなの数は15羽以下となり、1973年からほぼ半分にへって、1960年代前半の水準《すいじゅん》にもどってしまった。また、ふ化しなかった卵やひなの死体がかなり多く見つかったことから、繁殖成功率《せいこうりつ》（生まれた卵の数に対する巣立ったひなの割合《わりあい》、%）が下がったと推測された。さらに、成鳥や若鳥の死体もやや多く見つかったことから、原因はわからないが、それらの死亡率《しぼうりつ》が上がった可能《かのう》性もあった。

ある年の繁殖集団の大きさは、前年からの生き残った繁殖個体の数と何年か前に生まれたひなが成長して繁殖年齢になった個体数との和である。また、前年からの繁殖集団の増加分《ぞうかぶん》は、繁殖年齢になった個体数と前年の死亡個体数との差になる。もし、巣立つひな数が15羽以下であるような状態がつづけば、繁殖年齢になる個体数が少なくなり、その上に成鳥の死亡率が高くなったとしたら、長期的にみて繁殖集団はふえないどころか、へってしまうだろう。人間でも出生率《しゅっしょうりつ》が下がり、死亡率が上がれば、人口はへる。

　その当時、この鳥の死亡率や繁殖開始年齢などはまったくわかっていなかったが、毎年11～15羽のひなが巣立っても、そのうち成鳥まで生きのびる個体は8～10羽だろうと、おおまかに推測された。そのうち半分が雌《めす》で、たった4～5羽である。鳥島集団の繁殖年齢になっている雌のうち、ひょっとしたら1年間に数羽が死亡するかもしれない。そして、最悪の場合、この鳥は個体数がへり、絶滅へと向かうかもしれない。ぼくは〝緊急事態〟だと認識《にんしき》した。どうにかして、オキノタユウをこの窮《きゅう》地《ち》から脱出《だっしゅつ》させなければならないと思った。

保護研究に進む

　鳥島の上陸調査から、3月28日の夕方、伊豆大島にもどった。翌29日の早朝、定期船で東京に向かい、渋谷《しぶや》の山階鳥類研究所を訪《おとず》れた。残った標識《ひょうしき》足環を返却《へんきゃく》し、鳥島で拾得《しゅうとく》したオキノタユウの若鳥の白骨化死体3体とひなの乾燥《かんそう》死体3体を標本として提供《ていきょう》し、繁殖状況調査の結果を報告した。また、昼過ぎに、短い時間だったが初めて山階芳麿所長と会うことができ、調査結果を報告した。山階さんは、半世紀《はんせいき》近く前の1930年2月に鳥島を訪れたときのことをはっきり覚えていて、当時の生息状況や約2000羽を観察したことをくわしく説明してくれた。それだけでなく、「がんばって調査をつづけてくれたまえ」と、若造《わかぞう》のぼくを励《はげ》ましてくれた。

それから、教員公募《こうぼ》に応募《おうぼ》していた大学に電話をかけた。そのとき、うれしい知らせがあった。4月1日から千葉県船橋市にある東邦《とうほう》大学理学部に助手として採用《さいよう》されることが決まったのだ。午後、急いで東邦大学理学部に行き、4月からの勤務《きんむ》について打ち合わせをした。

ぼくは海洋生物研究室に所属《しょぞく》することになった。願ってもない職場《しょくば》だった。それまでの京都よりはるかに鳥島に近く、便利である。ぼくはオキノタユウの保護研究をつづけるチャンスを与《あた》えられたのだ。採用してくれたことに、今でも感謝《かんしゃ》している。

上陸調査でオキノタユウが窮地に立たされていることを知り、本気になってこの鳥の保護に取り組むしかないと決意していた。緊急事態を知ったにもかかわらず、なにもしないでいるうちにオキノタユウが絶滅するようなことになったら、国内だけでなく海外の人を含《ふく》めて、後の世代から厳《きび》しく批判《ひはん》されるだろう。どうにかしなければと考えていたが、落ち着き先が決まって、ほんとうに幸運だった。

当時、多くの人は人間社会のためにさまざまな努力をしていた。でも、鳥の保護に取り組んでいる人はごくわずかだった。人間のためのことはほかの人に任《まか》せればよい。ぼく自身は鳥たちのために生きようと思った。それは大学院に進学したときの初心であった。そして、20世紀《せいき》後半に日本に生きる動物学者としての責任を果たさなければならないと考えた。ほんとうに解決《かいけつ》できるのか、できるとしてもそれまでに何年かかるのか、まったく先は見えなかった。しかし、あえて困難《こんなん》な課題に取り組もうと考えた。たとえよい結果が得られなかったとしても、とにかく一生懸命《いっしょうけんめい》に取り組むことが必要だ。ぼくは若く、元気だった。

オキノタユウを窮地から救《すく》う当面の解決策《かいけつさく》は、繁殖成功率を引きあげ、巣立つひなの数をふやすことである。その具体的方法は、鳥島の現地《げんち》で火山砂の地面がむきだしになった営巣地を見たとき、すぐに思いついた。1960年代前半に気象観測所の人たちが行なったように、急傾斜地にある営巣地にハチジョウススキの株を移植《いしょく》して、育つようにすれば地面が安定し、周囲から土だけでなく茎《くき》や葉を引きこんで丈夫《じょうぶ》な巣がつくられ、その結果、卵がころがりでる事故《じこ》がへるだろう。また、ススキが成長すれば、草の茂《しげ》みが強風や突風《とっぷう》の影響をやわらげ、砂嵐《すなあらし》が起きるのを防《ふせ》ぎ、小さなひなが吹《ふ》き飛《と》ばされて死亡する事故がへるだろう。そうして卵やひなの死亡をへらせば、繁殖成功率は上がり、巣立つひなの数がふえる。陸地に住む人間は、成鳥の死亡率を下げるために海上で手をそえることは困難だが、陸上の繁殖地でならかなりの手助けをすることができる。

ただ、たった一人で、この保護事業を実行することは不可能《ふかのう》だった。まず、環境庁《かんきょうちょう》や東京都などの行政《ぎょうせい》機関に、オキノタユウのおかれている現状について調査にもとづく十分に説得力《せっとくりょく》のある説明をし、保護事業を計画し、実施《じっし》してもらう必要がある。そのための研究計画をまとめ、1977年9月初めに、ひなへの足環標識で世話になった山階鳥類研究所の担当《たんとう》部門に研究計画書を持って行った。そして、年2回、11月下旬の抱卵期と4月のひなの時期に上陸調査を行ない、ひなに足環標識をつけ、長期にわたる共同調査体制《たいせい》を確立《かくりつ》することや調査資金を集めることなどについて相談をした。そして、この研究計画を山階所長や環境庁の担当者《たんとうしゃ》に伝えてほしいとお願いした。

しかし、残念ながら「一度鳥島に行ったくらいで生意気だ」といわれ、拒絶《きょぜつ》された。ぼくは調査を早く軌道《きどう》に乗せたいとややあせっていて、いらだちをあらわにしたかもしれない。その性急《せいきゅう》な態度《たいど》が少し生意気だと受けとられたようだった。結局、当面は一人で取り組むしかなかった。

つらく暗い日がつづく

つぎの繁殖期も「みやこ」に乗船して鳥島に向かったが、1977年11月半ばと78年3月下旬とも、残念ながら上陸することができなかった。営巣地の沖の海上から観察して、成鳥・若鳥を合わせて73羽をカウントし、船上から撮影した写真と双眼鏡での観察から、少なくとも12羽のひなを確認した。

そのつぎの繁殖期の1978年11月にも上陸できなかったが、80羽の成鳥・若鳥をカウントした。そして、79年3月には雨がしきりに降《ふ》る中で、船長から午前中だけの上陸が許可《きょか》されて、営巣地に1時間だけ滞在し、22羽のひなに足環標識をつけ、96羽の成鳥・若鳥をカウントした。

最初の3年間で上陸したのはわずか2回、現地で野外調査をすることができたのは4日間で、はっきりいって絶望的《ぜつぼうてき》な少なさだった。繁殖集団のもっとも正確《せいかく》な指標となる生まれた卵の数、すなわち繁殖つがい数を知ることはまったくできなかった。そのため、繁殖状況のもっとも重要な目安となる繁殖成功率を明らかにすることができなかった。

それでも、カウントの結果から成鳥・若鳥の個体数が確実《かくじつ》にふえていて、繁殖つがい数も少しずつふえていると推測された。それに対して、巣立つひなの数は、ティッケルさんが確認した24羽から変わらず少なく、繁殖成功率が下がっていることはまちがいないと、じゅうぶんに推論《すいろん》された。

一番の問題は研究資金だった。当時、野生生物保護に長期にわたって研究費を補助《ほじょ》してくれる団体《だんたい》や財団《ざいだん》はほとんどなかった。また、短期間で成果を得にくい分野なので、始めたばかりのころ、文部省の科学研究費助成金を得ることができなかった。助手になったばかりなので給料は少なく、ぼくは自前で小型《こがた》漁船をチャーターすることができなかった。

そのため、ぼくは東京都水産試験場大島分場にお願いして、漁業資源《しげん》調査のために鳥島近海に航海する調査指導船に乗船し、鳥島に行っていた。海がおだやかな日には鳥島に上陸できたが、少しでも荒れた日には上陸をあきらめるしかなかった。調査指導船の航海計画はあらかじめ決まっているので、ぼくの調査のために計画の変更は許《ゆる》されなかった。船酔いにさんざん苦しみ、ようやくたどりついた鳥島を目の前にして、上陸できずに引き返さなければならなかったとき、無念でたまらなかった。でも、仕方なかった。

鳥島の現地で野外調査をすることがかなわずに月日が過ぎてゆき、困難《こんなん》を予想していたぼくも滅入《めい》ることが多く、しばしばいらだった。このままではぼくがつぶれてしまうかもしれないとさえ思った。ただ、決心した以上、中途半端《ちゅうとはんぱ》に放り出すことはできなかった。そのくやしさをまぎらわし、元気を取りもどすために、ありあまる時間をオキノタユウについての文献・資料《しりょう》の収集《しゅうしゅう》とそれらの分析にあてた。東京の神田古書街に通って、関係する書籍・資料を購入《こうにゅう》し、読みまくった。また、海鳥類の生態や行動について、科学論文《ろんぶん》や学術研究書をつぎからつぎへと読み、勉強にはげんだ。その時間はとても楽しかった。

さらに、かつて鳥島気象観測所に勤務していた藤澤格《ふじさわいたる》さんや渡部栄一《わたべえいいち》さん、その仲間のみなさんを、ご自宅や東京の竹橋にある気象庁に訪《たず》ね、いろいろと質問《しつもん》して気象観測所時代の監視調査記録の自筆複写《ふくしゃ》や当時の記録写真を見せてもらい、具体的な保護活動を教えてもらった。また、鳥島のどこを歩けば安全かとか、島に滞在中《たいざいちゅう》に注意すべきことなど、たくさんの貴重《きちょう》な助言をいただいた。

調査が軌道に乗る

1979年の夏、ティッケルさんの調査結果やぼくがつづけたほそぼそとした調査がきっかけとなり、環境庁が日本野鳥の会に委託《いたく》してオキノタユウの現状を調査することになった。日本野鳥の会から相談を持ちかけられ、共同調査するための準備に取りかかった。八丈島でチャーターする小型漁船の費用《ひよう》は日本野鳥の会が負担《ふたん》し、ぼくはようやく得た文部省科学研究費助成金によって上陸用のゴムボートを購入した。ゴムボートは今後の調査に欠かせないものだった。

その年の11月17日、この時期に初めて上陸を果たし、4日間にわたって滞在し、繁殖つがいの数を調査した。50組だった。4年目にしてようやく、繁殖つがい数を知ることができた。また、このときにカウントした成鳥・若鳥の数は105羽で、順調にふえた。80年の春、「みやこ」の協力によって3月19日から1週間にわたって鳥島に滞在し、共同調査を行なった。ひなの数は20羽と少なかった。

また、成鳥と若鳥を合わせて約130羽を観察することができた。

このように、観察された成鳥・若鳥の数は数年間で順調にふえた。これは、少なくとも6年前の1973年度までは、巣立ちひな数が多かったことをものがたった。しかし1974年度以降、巣立ったひなの数は11羽から22羽で、ティッケルさんが調査した1973年度の24羽を超《こ》えることはなかった。1970年代初めと比較《ひかく》して、その後半には繁殖に失敗するつがいが多く、巣立つひなの数の少ない状態がつづいた。営巣地の環境が悪くなって繁殖成功率が低下したというぼくの仮説《かせつ》は、不十分ではあったが、数年間をかけた現地調査でほぼ確認された。

その年から、調査は軌道《きどう》にのった。ぼくは、11月半ばに八丈島で小型漁船をチャーターして、3月下旬には「みやこ」の協力によって伊豆大島から鳥島に向かった。そして年2回、鳥島に上陸して繁殖状況を定期的に調査し、繁殖つがい数と巣立ちひな数、繁殖成功率を明らかにすることができるようになった。

若い時には給料が少なく、研究費の助成も受けにくい。そのため、チャーター代の確保《かくほ》には、毎回、だいぶ苦労した。自分自身の夢のために、いつも節約にはげみ、年末のボーナスもかなり注ぎこんだ。また、原稿《げんこう》執筆や講演、インタビューの依頼《いらい》にはかならず応《おう》じて、いわゆるアルバイト料をいただいた。そのころ、さまざまな〝副業〟を紹介してくださったみなさんに、ぼくは今でも深く感謝している。そうした親切な配慮《はいりょ》がなければ、ぼくは鳥島での調査をつづけることができなかった。

積極的保護の始まり

鳥島の南東端に位置する燕崎は、火山砂が積もってできた傾斜角《けいしゃかく》22〜23度の斜面で、四方をけわしい断崖や絶壁《ぜっぺき》に囲まれている。オキノタユウはその中腹《ちゅうふく》から上部にかけて営巣していた。

1960年代には、気象観測所の人たちによる保護活動の結果、そこに草丈《くさたけ》の高いハチジョウススキが生《は》えていた。しかし1970年代になると、イソギクやラセイタソウがまばらに生える草地に変わり、さらに1970年代後半には草むらが少なくなって、営巣地の中央部は地面がむきだしになっていた。おそらく、親鳥が草の葉や茎《くき》を引きちぎって巣の材料にしたり、ひなが糞《ふん》をかけて草を枯《か》らしたりしたにちがいなかった。個体数が少しずつふえたため、そうした影響が大きくなったのだろう。

その結果、親鳥は植物の葉や茎を利用して頑丈《がんじょう》な巣をつくることができなくなり、急傾斜の斜面で砂を寄《よ》せ集《あつ》めただけの巣は非常にもろかった。晴れの日がつづき、地面が乾燥《かんそう》すると、巣の縁《ふち》はぼろぼろとくずれ、抱卵を交代するときに卵が巣からころがり出やすく、ほかの鳥がけりとばした小石が巣の中にころがりこんだ。その小石は卵を傷《きず》つけたにちがいなかった。また、小さなひなは、さえぎるものがないため突風によって巣から吹き飛ばされやすかった。雨の日には、親鳥はくちばしで湿《しめ》った砂をくわえて巣の縁におき、くちばしの先を横から軽く打ちつけて、せっせと巣を補修《ほしゅう》していた。しかし晴れた日には、親鳥はざらざらした砂をくわえることができず、巣を補修しなかった。

親鳥が卵を抱く期間は約65日間で、この期間に台風が接近して強風や突風が吹けば、抱卵中の親鳥が影響を受けて、卵が巣からころがり出るかもしれない。また、冬の季節風が強まれば、突風が吹いて営巣地で砂嵐が起こり、小さいひなが巣から吹き飛ばされやすい。こうした事故死がふえたために、巣立つひなの数がへり、繁殖成功率が下がったと推論された。

もし、営巣地に草を移植して草むらを回復《かいふく》すれば、つぎのようになると予測された。

（1）草を引きこんだ丈夫な巣がつくられ、植物の茂みで親鳥やひなが強風から守られ、卵やひなの事故死がへり、繁殖成功率が改善《かいぜん》される。

（2）繁殖成功率の改善によって、巣立つひなの数がふえる。

（3）草むらによって風雨の影響がやわらげられ、繁殖成功率の年変動がへる。

（4）営巣地は浅い谷をはさんで東西の2地区に分かれている。その両方に同じような営巣環境ができるので、繁殖成功率の地区差がなくなる。

また、好適《こうてき》な営巣場所がじゅうぶんに供給《きょうきゅう》されて、営巣つがいの数が着実にふえると期待された。

この提案《ていあん》にそって環境庁と東京都は2回に分けて、1981年6月に西地区に、82年6月に東地区に、鳥島に自生するハチジョウススキやイソギクの株を移植した（**写真**）。鳥島はオキノタユウの保護のため「天然保護区域」として天然記念物に指定されていた。そのため、ほかの場所から植物を持ちこむことは禁止《きんし》されている。移植したハチジョウススキはしっかりと根づき、地面を安定させた。

草移植作業（1981年6月撮影）。

オキノタユウはその株のあいだに巣をつくり、産卵した（写真）。

それから4年間にわたって追跡《ついせき》調査した結果、繁殖成功率は移植前には平均して44％だったが、移植直後には50％になり、植物が生えそろった後には67％となり、大いに改善された（図2左）。それにともなって、巣立ちひな数は急にふえ、1985年4月にはついに51羽になった（図2右）。また、繁殖成功率の年変動がへり、地区間の差もなくなった（図3）。すべての予測が的中した。ただ草を植えるだけで、ひなの数を8年間で15羽から51羽へと3倍以上にふやすことができた。保護計画は大成功をおさめた。

この調査のときにも、ぼくは多くの人にお世話になった。1984年3月に「みやこ」が鳥島の沖でエンジントラブルを起こして、上陸できずに帰ったとき、朝日新聞社がヘリコプターでぼくを鳥島に連れて行ってくれた。また、1987年4月には、読売新聞社のヘリコプターで鳥島に運んでもらった。前の年の11月に伊豆大島の三原山が噴火し

草移植前の営巣地（1980年11月撮影）。

草移植後の営巣地（1982年11月撮影）。

ていて、再《ふたた》び噴火が起こった場合には「みやこ」が島民の避難を支援することになっていたので、ぼくは乗船の依頼をすることができなかった。こうして“助け舟《ぶね》”を出してもらったおかげで、ぼくはとぎれることなく追跡調査をやりとげることができた。

再び緊急事態

保護研究を始めてから10年がたち、ひなの数が50羽台になって、一安心していた。その年の秋、突如《とつじょ》、営巣地のある燕崎斜面で大規模《だいきぼ》な地滑《じすべ》りが発生し、土石流となって東西2地区のあいだにある浅い谷を一気に流れくだった（**写真**）。台風の大雨によって急斜面の表層崩壊《ひょうそうほうかい》が起こったにちがいなかった。斜面の上部には強風や水流で運ばれた火山砂が大量に積もっていて、その傾斜角は28度であった。それまで、その上部で小さな泥流《でいりゅう》が発生したことはあったが、その一帯が流れ出すことなど、まったく予想外だった。あとから考えると、崩壊が起こる直前の「臨界点《りんかいてん》」になっていたのだろう。

さいわい、浅い谷の両側にある営巣地は土石流の直撃《ちょくげき》をまぬかれた。しかしそのあと、雨のたびに小さな泥流が発生して谷が砂でうまってしまい、泥流が営巣地に流れこみ始めた。そのため、移植したハチジョウススキやイソギク

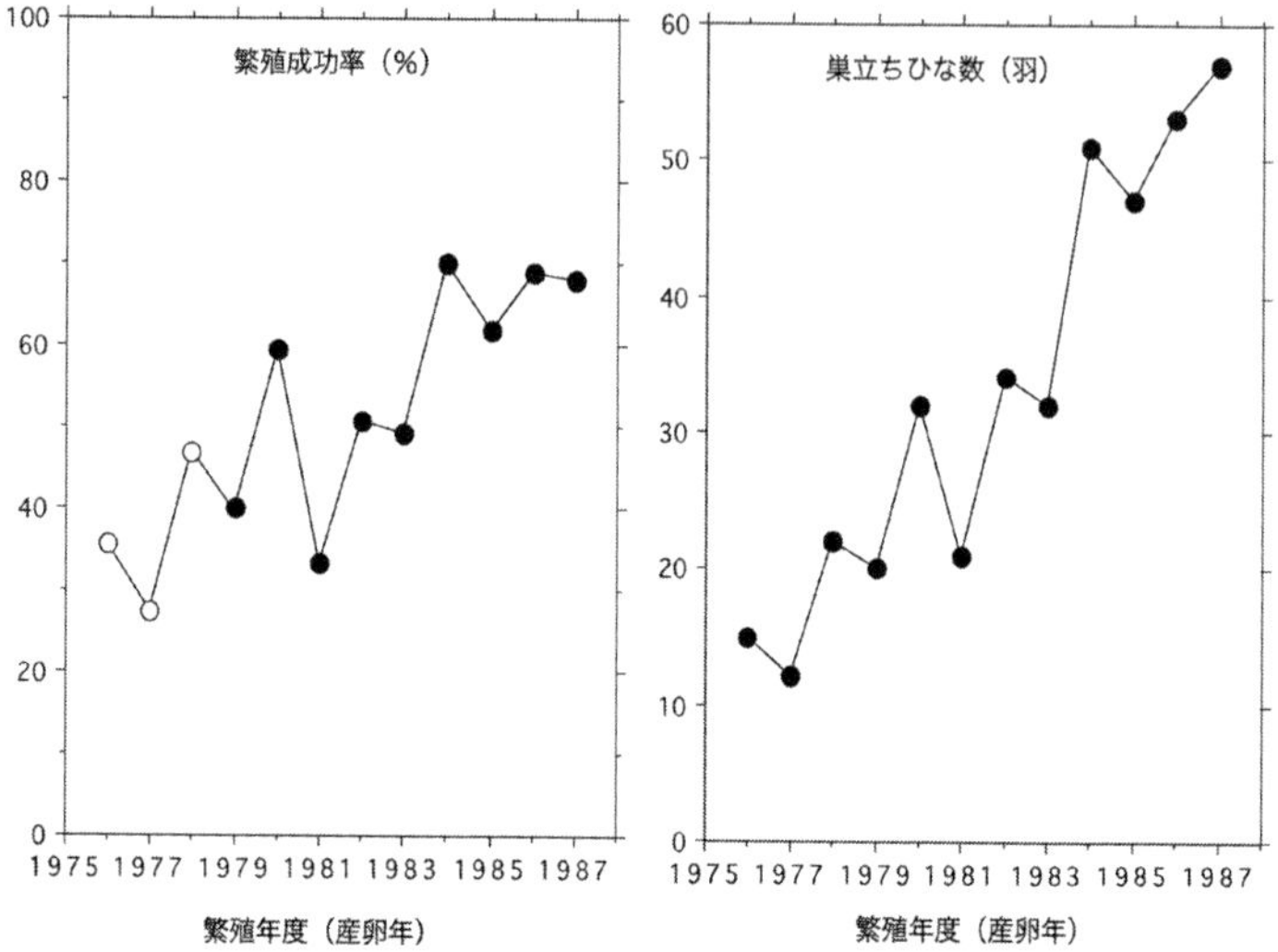

図2　草移植による繁殖成功率の改善（○は推定値）。1981、82年に草を植え、草が育った84年度から繁殖成功率が上がり、巣立つひなの数がふえた。86年には補植した。

は泥流でうまって枯れ、卵やひなが流されたり、うまったりして死亡した（**写真**）。繁殖成功率は、1988年度に57・3%、89年度に53・2%と、泥流の前より約10ポイントもさがった。また、土石流がつぎに発生した場合には、営巣地が破壊《はかい》されてしまうおそれも出てきた。

この〝緊急事態〟に対処《たいしょ》するため、1990年3月に開催された環境省《かんきょうしょう》の営巣地緊急保全対策検討会《ほぜんたいさくけんとうかい》で、ぼくは二つの保全課題をいっしょに実施するように提案した。その第一課題は「従来《じゅうらい》営巣地保全管理計画」で、緊急に燕崎斜面とその崖上の上流部で大規模な砂防《さぼう》工事を行なって泥流を防ぎ、乾燥や塩分に耐性《たいせい》のあるシバやチガヤを泥流が侵入した営巣地に移植して、植物の草むらを回復すること。そうして、繁殖成功率を元の水準の約67%にもどし、巣立つひなの数をふやす。

この植栽《しょくさい》計画は1980年代前半に取り組まれて、成功をおさめていた。ただ、1980年代初めに移植したハチジョウススキは菌類《きんるい》による病気の黒穂病《くろぼびょう》にかかって、背丈《せたけ》が

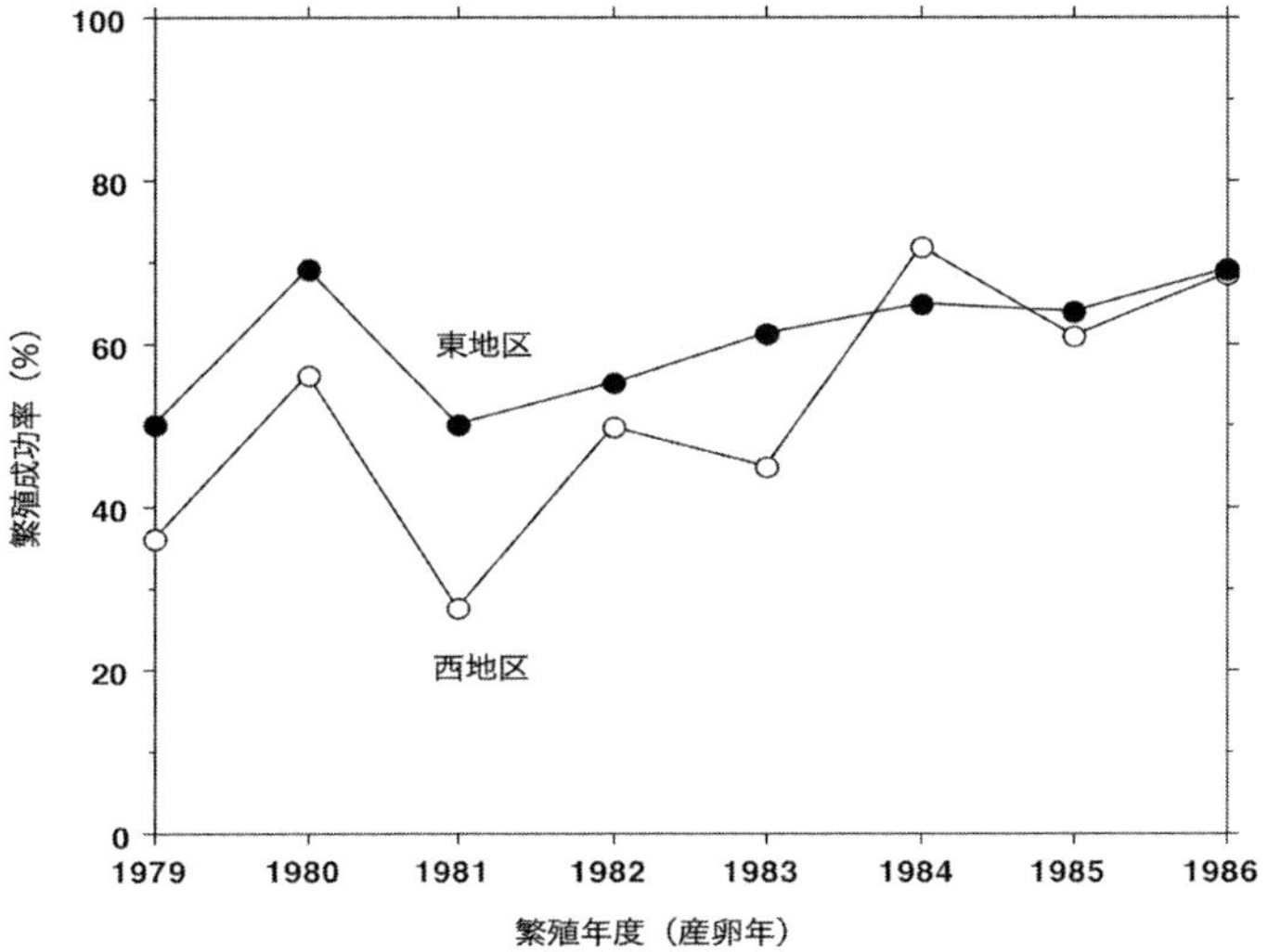

図3　草移植による繁殖成功率の年ごとの変動と地区間の差の減少。植えた草が育って繁殖活動への風雨の影響を和らげ、繁殖成功率の年変動と2地区間の差がへった。

低くなり、穂《ほ》ができなくなっていた。そのため、ハチジョウススキは移植に適さなくなり、かわってシバとチガヤを植えることにした。

しかし、それだけでは根本的解決にならない。燕崎斜面は常《つね》に大雨による浸食《しんしょく》の危険にさらされていて、いつまた地滑りが起こるかわからないからだ。それを避けるための第二の課題が「新営巣地形成計画」である。この目的は、泥流のおそれのない「安全」な場所に新しい営巣地を形成することで、海鳥が集団で営巣する習性《しゅうせい》を利用して、従来《じゅうらい》営巣地から巣立ったひなが若鳥となって鳥島に帰ってきたとき、デコイと呼ばれる実物そっくりの「おとり」と音声を利用して安全な場所に誘《さそ》いこみ、住みつかせるという作戦である。その場所として、鳥島の北西側に広がるなだらかな斜面を選んだ。

この会議で、まず緊急課題として燕崎斜面の砂防工事と植栽工事を行ない、中長期的課題としてデコイを利用して鳥島の北西側の斜面に新営巣地を形成するという方針《ほうしん》が決まった。そして1990年7月に、従来営巣地で緊急工事が行なわれ、

土石流が発生した（1987年11月撮影）。

泥流にうまったひな（1993年３月撮影）。
翼や脚は壊死を起こしていた。

土嚢《どのう》を積み上げ、植栽工事をした。

しかし、小規模《しょうきぼ》な緊急工事では泥流を防ぐことができず、１９９０年度には繁殖成功率が少し改善されて61・１%であったが、91年度には44・３%、92年度には47・５%と、再び40%台に下がってしまった。

“バブル”の恩恵《おんけい》

１９８７年以降も、伊豆大島三原山の火山活動がつづいていたので、３月に「みやこ」に協力してもらうことは無理だった。また、ひなの数がふえて、調査に時間がかかるようになり、それまでより長く島に滞在する必要があった。抱卵期もひなの時期も、つまり毎年2回、自前で小型漁船をチャーターするしかないと考えたが、ぼく自身ではとうてい費用をまかなえなかった。

どうしようかと悩《なや》んでいたとき、また、救いの手が差しのべられた。１９８８年4月に、朝日新聞社の『新どうぶつ記』の取材に同行して、ヘリコプターで鳥島に行くことができた。さらに、88年5月から翌年5月までの１年間に、日本テレビの『追跡』番組取材チームに協力して、合計7回も鳥島に行き、オキノタユウが鳥島にもどってくるところから、産卵、ふ化、ひなの巣立ちまで、くわしく観察することができた。

つづいて1989年10月から翌年5月までの繁殖期に、TBSの番組『わくわく動物ランド』の取材チームと4回、鳥島に上陸した。また、1991年から93年にかけて、フジテレビのニュース番組『スーパータイム』の映像《えいぞう》取材のために3回、鳥島に渡《わた》った。

1980年代後半から90年代初頭は、日本経済《けいざい》の〝バブル期〟であった。そのため、テレビ局は豊《ゆた》かな資金をもとに自然関係の番組にも力を入れていた。その恩恵にあずかり、ぼくは野外調査をつづけることができた。それらの番組によって、オキノタユウが直面している苦境《くきょう》が多くの人びとに理《り》解《かい》された。そして、ぼくの調査結果は保護計画の作成に役立ったから、結果的にはオキノタユウも恩恵に浴したことになるだろう。

デコイ作戦の準備

従来営巣地から巣立った繁殖年齢前の若い鳥を北西側斜面に誘いこんで、そこにすみつかせる手法は「社会的誘引法《ゆういんほう》」と呼《よ》ばれる。多くの海鳥は集団をなして繁殖し、仲間がいれば安心して近づいてくる。その習性をたくみに利用し、デコイをたくさんならべ、録音した鳴き声を再生《さいせい》して、そこに集団繁殖地があるように見せかけるのである。このやり方は、全米オーデュボン協会・海鳥再生計画の責任者スティーブン・クレス博士によって、アメリカ東北部メーン州沿岸《えんがん》の小島にニシツノメドリの繁殖集団を再生するために開発された。じつは、ここでも人間が海鳥やその卵を捕獲《ほかく》した結果、1880年代までにニシツノメドリがこの地域《ちいき》からほぼ姿を消していた。デコイは、もともと北アメリカ先住民がガン・カモ類を狩猟《しゅりょう》するとき、野生個体をおびきよせるために池や沼《ぬま》に浮《う》かべた模型《もけい》の「おとり」で、クレスさんは狩猟のための道具を鳥類保護に利用しようと発想を転換《てんかん》した。

鳥島になかなか上陸できず、失意の底にあったぼくは、この手法を述《の》べたクレスさんの短い論文を、１９７９年１月に購入した本の中に見つけ、非常に興味をもった（S．A．テンプル編《へん》『絶滅危惧《きぐ》鳥類――絶滅のおそれのある種を保護するための技術《ぎじゅつ》』３７３－３７７頁、ウィスコンシン大学出版会《しゅっぱんかい》、１９７８年）。この方法を用いれば、将来《しょうらい》、巣立つひなの数が数百羽になったとき、火山島で危険な鳥島から非火《ひ》山で安全な小笠原諸島にひなを運んで、そこに繁殖集団を復元《ふくげん》することができると直感した。すぐにかれに手紙を書き、連絡をとった。そして、かれからさまざまなことを教えてもらった。

デコイはまず鳥島で、別の場所に営巣地を形成するために使われることになった。１９９０年３月の営巣地緊急保全対策検討会《けんとう》で、「デコイ作戦」は中長期的課題に位置づけられたものの、これが環境省のオキノタユウ保護基本《きほん》計画に組み入れられるまでには時間がかかりそうだった。

ぼくは少しでも早く「デコイ作戦」を実行に移したいと思っていた。バードカービングの第一人者の内山春雄《はるお》さんは、作業中にたまたまＮＨＫの朝のラジオ番組で「デコイ作戦」の計画を聴《き》いた。そして、自身のバードカービングの技術をじっさいの鳥類保護に役立てようと一肌脱《ひとはだぬ》ぎ、１９９０年７月から10月にかけて、頭部・胴体《どうたい》・脚《あし》からなる組み立て式のデコイの原型《げんけい》を製作《せいさく》してくれた（**口絵写真参照**）。そして１９９１年、それらをもとに、京都・山科《やましな》にある生物模型専門会社・西尾製作所《にしおせいさくしょ》がシリコン樹脂《じゅし》の鋳型《いがた》を造《つく》り、それに材料をぬりこんで繊維《せんい》強化プラスチック（ＦＲＰ）製《せい》のレプリカをたくさん造り、それらに本物そっくりの色をつけてデコイが完成した。西尾製作所は自然史博物館に展示《てんじ》する精密《せいみつ》な生物模型を製作していたが、内山さんと同じように、その技術が自然保護の現場で活用されることを望んでいた。

デコイ作戦の考え方

ぼくは最初に上陸したときから気にかかっていたことがあった。どうして、オキノタユウは条件《じょうけん》のよい北西側の斜面で繁殖しないのだろうという疑問《ぎもん》だ。背丈の低い草が生えていて、なだらかで安定した広い斜面があるのに、鳥たちは営巣に適しているとはいえない急傾斜の燕崎斜面をわざわざ選んでいた。その理由は何だろう。燕崎は島の南西端にあり、冬期に吹く西寄りの強い季節風から守られるからだろうか。また、燕崎の断崖で季節風が巻《ま》きこまれて斜面にそって上昇《じょうしょう》風ができ、着陸しやすいのだろうか。あるいは、急傾斜地なので飛び立ちやすいからだろうか。あれこれ考えたが、どれも納得《なっとく》がゆく説明にはならなかった。

最終的にたどりついた考えは、乱獲《らんかく》の時代に捕まえられずに生き残ったオキノタユウは、慎重《しんちょう》で臆病《おくびょう》な性質《せいしつ》をもち、人間を極度に避《さ》けたからではないか、ということだった。そのため、気象観測所の人びとの姿があった北西側の斜面を避けて、人間が近づきにくい四方を断崖に囲まれた燕崎斜面を選び、1950年から繁殖を開始したのだろう。じっさい1932年4月に、山田信夫さんがオキノタユウ類の分布《ぶんぷ》状況を調査したとき、燕崎斜面にはクロアシオキノタユウしかいなかった（図1、

19頁参照）。また、1947年11月に、東郷博《とうごう》さんたちは北側の斜面の麓《ふもと》で求愛行動をしているオキノタユウを目撃《もくげき》したから、最初はそのあたりに営巣しようとしていたにちがいない。しかし、人間の姿を見て、そこから逃《に》げたのだろう。

再発見から間もない1956年2月に鳥島に上陸して、4月まで滞在し、記録映画『鳥島のあほうどり』（共同映画、1956年）を制作した川田潤《じゅん》は、いくらか誇張《こちょう》を含めて、当時、オキノタユウが人間をかなり恐れていたようすを、つぎのように描写《びょうしゃ》している。

「さらに、意外だったのは、当のアホウドリが俗説《ぞくせつ》を裏切《うらぎ》って決してアホウではないことである。三方を百メートルにおよぶ断崖に囲まれ、残る南の一方はさかまく荒海《あらうみ》に逆落《さかお》としとなっている要塞《ようさい》に居《きょ》を定めていることだけでも、滅《ほろ》びゆく生物の本能的《ほんのうてき》な防衛《ぼうえい》心の現れではないかと思われるし、直線距離《きょり》三百メートルの遠方から、すでに警戒の行動を起こすほどの用心深い鳥は他に例が少ない。

オースチン博士が発見出来なかったことも、観測所員は長い間気づかなかったことも、このような理由に基《もと》づくのではないだろうか」川田潤『トリキチ誕生――生態映画制作者の回想』141－148頁、理《り》論《ろん》社、1959年

じっさい、現在《げんざい》でもぼくがふつうに歩いて近づくと、かなり遠くにいてもオキノタユウは逃《に》げ去《さ》ろうとする。営巣地で卵を抱いているときには、巣から離れられないので首を伸ばして左右を見まわし、

緊張《きんちょう》状態になる。その動きは周りの鳥たちに伝わり、あちこちの鳥が首を伸ばして左右を見まわす。しかし、体を低くしてゆっくりと近づけば、あまり緊張しない。座《すわ》ってじっとしていれば、鳥たちは緊張状態を解いて、おだやかな表情《ひょうじょう》になる。

また、東西の営巣区域をつなぐ通路に座ってじっとしていると、若鳥は2メートルくらいまで近づき、そこで立ち止まってこちらを見て、ゆっくりと歩き出し、2メートルくらいの間隔《かんかく》をおいてまわり道をする。成鳥はもっと警戒して、4、5メートルの間隔をおくか、海に向かって飛び立ってしまう。いまでも人間を警戒している。

では、どうして燕崎斜面を営巣地に選んだのだろう。それは、斜面の下部にクロアシオキノタユウがすでに営巣していて近縁《きんえん》な仲間がいることに安心し、近づいたのだろう。

もし、この考え方がまちがっていないとすると、つぎのような予測が成り立つ。

（1）北西側の斜面は無人になり、鳥たちのすみつきを妨害《ぼうがい》する要因《よういん》がなくなった。そこにデコイを設置《せっち》して、録音した音声を再生して積極的に誘いこめば、オキノタユウはそこで繁殖を始め、いずれ新しい営巣地ができる。

（2）混雑《こんざつ》してきた従来営巣地から巣立った若鳥がつぎつぎに移ってきて、新営巣地の繁殖つがい数は急速にふえる。

（3）新営巣地はなだらかな斜面にあり、泥流が発生することなく安全で、つがいは丈夫な巣をつくることができる。新営巣地はオキノタユウの繁殖にとって好適であるから、そこでの繁殖成功率は従来営巣地より高くなる。

（4）新営巣地で繁殖するつがい数がふえるにつれて、鳥島全体での繁殖成功率が上がるので、鳥島集団の成長率《せいちょうりつ》も上がる。

デコイと音声を利用してオキノタユウの新営巣地形成を人為的《じんいてき》に促進《そくしん》するという野心的な保護計画は、実現《じつげん》までに長い年月が必要だと予想された。これをやりとげられるかどうか、ぼくは不安だった。まず、そのための資金を得られるかどうか。さらに、ぼく自身が大学での仕事をしながら、調査のための時間を確保できるかどうかも。しかし、この保護計画を成功させなければ、オキノタユウに明るい未来はなく、必須《ひっす》の課題だった。まず、踏《ふ》み出さなければ。やってみなければわからない。そうすれば、おのずと展望《てんぼう》が開けるにちがいない。

幸運にも、このあと1992年に「絶滅のおそれのある野生動植物の種の保存《ほぞん》に関する法律《ほうりつ》」（種の保存法）が成立し、1993年4月から施行《しこう》された。そして、オキノタユウはこの法律の対象種《たいしょうしゅ》に指定され、環境省が保護を推進《すいしん》することになった。

デコイ作戦開始

1991年11月に、山階鳥類研究所と協力して10体のデコイを鳥島に持ちこみ、燕崎斜面で誘いよ

北西側斜面の中腹にデコイを設置した（1992年11月撮影）。

せる効果《こうか》について予備《よび》調査をした。営巣地からやや離れた場所にデコイを設置し、録音した鳴き声を再生すると、数羽のオキノタユウがデコイを設置した場所の近くに着陸し、歩いてデコイに近づいた。そして、デコイを見つめたり、くちばしでデコイに触《さわ》ったりした。誘いよせ効果は明らかだった。さらに92年4月には、新営巣地の候補地《こうほち》にした北西側斜面に16体のデコイを設置して、録音した音声を再生し、鳥たちの行動を観察した。それまで16年間、この斜面中腹の上空をオキノタユウが飛ぶことはごくまれだったが、このときは数羽の若い鳥が引きよせられて、デコイの上を低く飛び、旋回《せんかい》するものも現れた。ただ、着陸した鳥はいなかった。

１９９２年11月に、鳥島の北西側斜面の中腹に41体のデコイを設置した（**写真**）。つがいが繁殖行動をしているように二つのデコイを組み合わせ、そこに営巣地があるようにみせかけた。１９９３年3月にはデコイを50体にふやし、求愛のときの音声を再生し、「デコイ作戦」が始められた。

3月1日、音声装置《そうち》の音量を調整していると、めったに姿を見せたことがなかった北西側斜面の上空に、若い鳥が飛んできてデコイの上を何回も旋回飛行し、ついに着陸した。このとき、ぼくは「やった」と叫《さけ》び、ものすごく興奮《こうふん》した。しばらくして数羽の若鳥が飛来して着陸し、おたがいが出会って求愛ダンスを始めた。それを見て、10年後くらいには新しい営巣地ができるにちがいないと、ぼくは直感した。

この年から、3月下旬から5月初旬《しょじゅん》まで鳥島に長期に滞在して、デコイを設置した場所の上空に飛来した個体、着陸した個体とそこに滞在した時間をくわしく観察した。その結果を分析して、デコイ作戦を改良し、なるべく早く新しい営巣地ができあがるように工夫《くふう》した。

大規模砂防工事

従来営巣地の保全管理計画を実施するため、1993年8月に、環境省と東京都はフラットバージ（台船）と大型《おおがた》ヘリコプターで、合わせて3台のパワーショベル（バックホーを1台、ユンボを2台）を鳥島に運びこみ、約1カ月をかけて燕崎斜面で大規模な砂防工事を行なった。中型《ちゅうがた》のバックホーは分《ぶん》解《かい》して持ちこみ、2台のユンボを使って組み立てた。まず、バックホーで斜面に中央排水路《はいすいろ》を掘った。もし頂上部《ちょうじょうぶ》で泥流が発生し、燕崎に流れおちた場合には、排水路にそって流れるようにした。

また、斜面の上部のあちこちに布団籠《ふとんかご》と呼ばれる土どめを設置して、排水路からあふれ出た泥流が営巣地に流れこむのを防いだ。以前に泥流が流れこんで不安定になっていた営巣区域には、等高線に

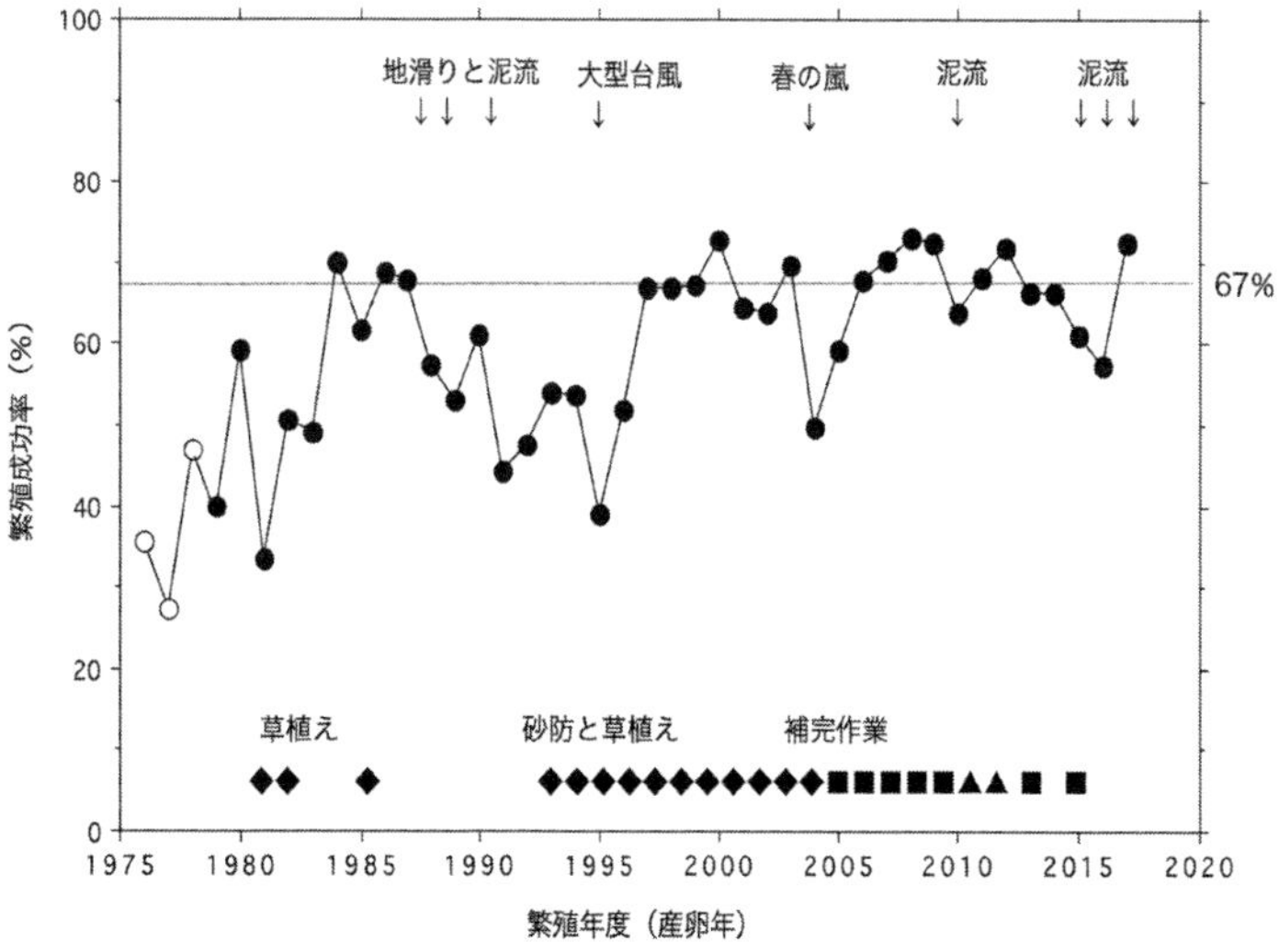

図4　従来営巣地における営巣地保全活動と繁殖成功率の関係（○は推定値）。1981～82年に草植え、86年に補植、1993～2004年に砂防工事と草植え工事、2005～09年にその補完作業、2010～11年に砂防工事、2013、15年にさらに補完作業が行なわれた。その結果、繁殖成功率は約67％に保たれた。

そって列をなすように数本の丸太をうめこみ、まず土砂《どしゃ》の流れを物理的に止めた。また、大雨のときに水が流れる崖上の谷の部分に、泥流を防ぐために石積みのやや大きなダムをつくった。このときに使った大量の石は、ユンボで運んだ。

つづいて、環境省と東京都は1994年から2004年まで11年間、毎年、中央排水路にたまった土砂をジョレンやスコップなどを用いて人力でとりのぞき、排水路のはたらきを保《たも》った。また、埋《う》めこんだ丸太の上側の地面にシバを、下側にはチガヤの株を移植した。営巣区域の周辺にもチガヤを植えて、強風によって火山砂が飛ばされるのを防いだ。頂上《ちょうじょう》部の水が流れる浅い谷に土どめの蛇籠《じゃかご》をいくつも設置して、泥流が燕崎斜面に流れおちないようにした。

こうした営巣地保全管理作業の結果、4年後の1998年5月に従来営巣地から129羽のひなが巣立ち、繁殖成功率は66・8％となり、元の水準にもどった（図4）。さらに、1998年の秋に鳥島全体で213組のつがいが産卵し、99年5月に143羽のひなが巣立ち（図5）、それらの幼鳥を

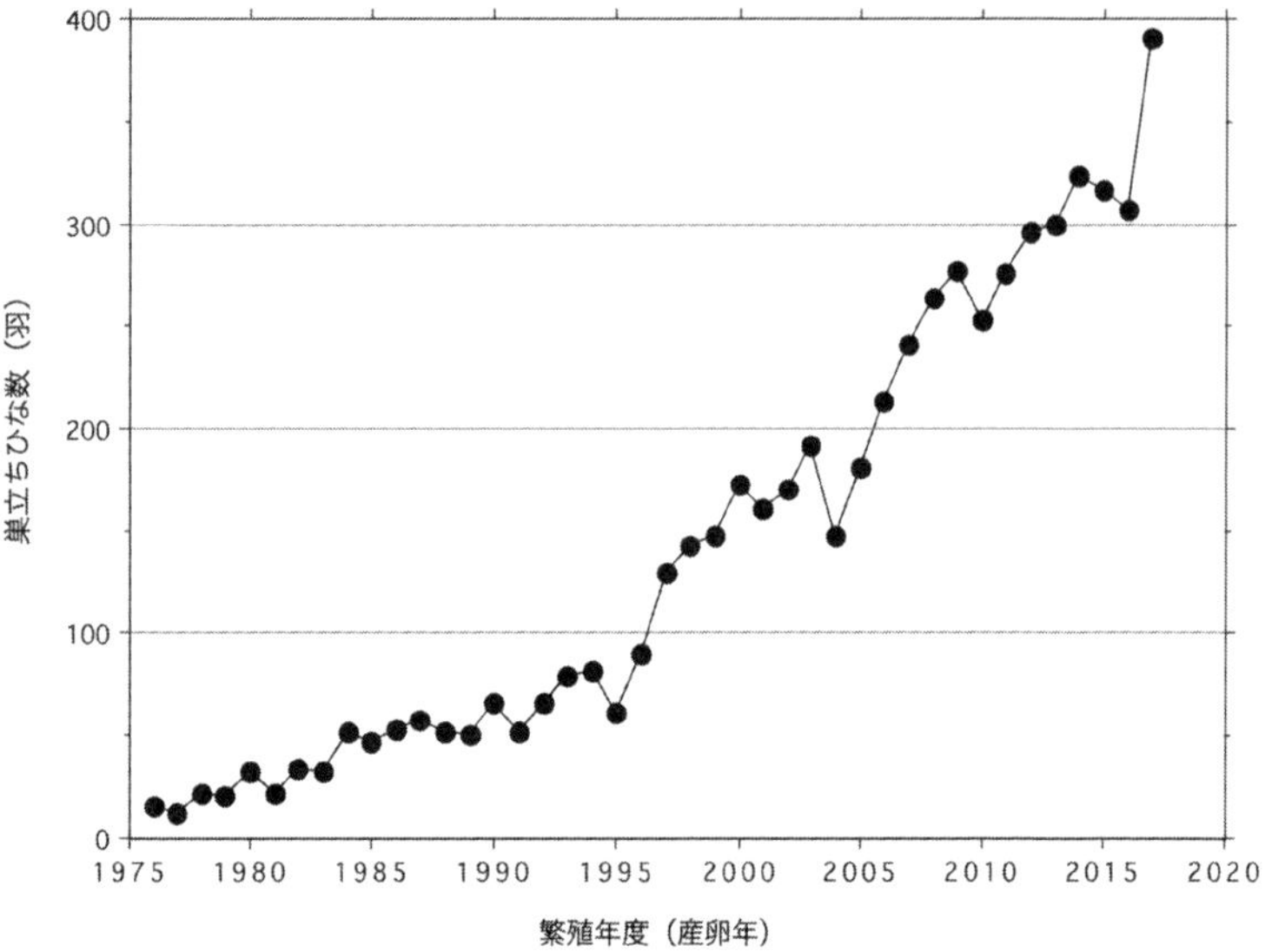

図5　従来営巣地から巣立ったひなの数の増加。1987年に地滑りが起こり、88年から泥流が営巣地に流れこんで繁殖活動に影響を与え、巣立つひなの数はふえなかった。1993年から砂防・草植え工事が始まり、巣立ちひな数がふえ始め、1997年度に100羽を超えた。それ以後はごく順調にふえた。

加えて、鳥島集団の総個体数は推定《すいてい》で1000羽を超えた。

オキノタユウの保護研究を始めてしばらくしたころ、ぼくは「2000年に繁殖つがい数200組、巣立ちひな数100羽、総個体数1000羽になる」ことを目標にした。当時、はるか遠くに思われた目標だったが、それを1年早く実現することができた！　しかし、そのとき、第二の保護課題である新営巣地の形成は実現していなかった。少なくともその課題の達成までは、調査をつづけなければならなかった。

デコイ作戦の成功

開始から2年目の1993年10月、10体のデコイを追加して60体とした。また、再生する音声を2系統《けいとう》にし、それらを交互《こうご》に再生した。一つは、よびよせる効果が高い求愛音声で、スピーカーを海に向けて大音量で放送し、海上からデコイ設置場所の上空へ飛来し、着陸するようにうながした。もう一つは営巣地のにぎやかな音声で、デコイを設置した区域の中心から四方に中音量で放送し、デコイのそばに着陸した鳥を安心させ、そのあたりに長く滞在《たいざい》するようにうながした。

なるべく高音質《こうおんしつ》の録音をするため、ぼくは鳥たちに接近する必要があった。１９９１年4月と11月に、燕崎の崖の基部《きぶ》にできていた溝《みぞ》のなかを低い姿勢《しせい》でゆっくりと歩いて、営巣地の上部にたどりつき、そこに隠《かく》れて鳥たちが接近するのを待った。そして、2、3メートル先で求愛ダンスを始めたとき、ガンマイクを向けてデジタル録音機（ＤＡＴ）の録音ボタンを押した。また、営巣地の中心部にマイクを向けて、にぎやかな音声を録音した。

音声装置の電源《でんげん》は太陽光発電と鉛蓄電池《なまりちくでんち》を組み合わせた。当時、リチウムイオン電池はまだなかった。放送時間をタイマーによって制御《せいぎょ》し、朝6時から夕方の17時15分までとした。音声データは大規模集積回路（ＬＳＩ）に書きこまれた。当時、フラッシュメモリーはまだなかった。ＬＳＩの容量《ようりょう》が小さかったため、じっさいの鳴き声に近い高品質《こうひんしつ》の音声データ（5キロヘルツ以下）を書きこむと、1単位に36秒が限度《げんど》だった。それを2分間出力、2分間休止のサイクルで、求愛音声とにぎやか音声を交互に放送した。この音声装置は三洋電機株式会社《かぶしき》が設計《せっけい》・製作した。ぼくは、鳴き声をデジタル録音したテープをもって大阪に行き、ＬＳＩへのデータの書きこみに立ち会い、音声の質《しつ》を確認した。

さらによびよせ効果を高めるために、１９９４年の秋からはデコイをさらに10体追加して70体とし、音声データの質を少し落として1単位を96秒、3分間出力、1分間休止のサイクルにした。そして、求愛音声の2分後からにぎやか音声が放送されるようにプログラムし、両方の音声が重なるようにした。また、明るさに依存《いぞん》して音声装置の電源が入り、切られるようにし、放送時間を日の長さに合わせた。さらに、つがいのように配置した二つのデコイのあいだの地面に、浅いくぼみを掘って巣のような形にし、そこに模型の卵をおいた。こうして、近づいた鳥に繁殖活動を視角的《しかく》に刺激しようともくろんだ。

こうした改良がうまくいって、1995年の3～4月には複数《ふくすう》の若い個体がほぼ毎日、デコイの近くで夜を過ごすようになり、昼間もたいてい姿が見られるようになった。これらの観察から、2、3組のつがいができかけていると判断《はんだん》された。

作戦開始から3年後の1995年11月に最初の1組のつがいが産卵した。11月27日、ぼくは雨の中で巣に座っている鳥を観察しつづけた。小降《こぶ》りになったとき、その鳥は巣の中で立ち上がり、翼《つばさ》を広げて羽ばたき、羽根のあいだにしみこんだ雨水を振《ふ》りはらおうとした。その瞬間《しゅんかん》、巣の中に白いものが見えた。卵だった。

ついに産卵した！　ぼくはうれしくて、目の前の風景が少しにじんだ。ただ、この観察だけでは確実とはいえなかった。ひょっとしたら、近くにいる別種のクロアシオキノタユウの巣と卵を乗っとった可能性もあるから。しかし、12月3日に別の個体が抱卵をかわったことがわかった。どちらの個体にも足環標識がついていた。つがいの雌は5歳、相手の雄《おす》は6歳だった。これで、つがいによる産卵が最終的に確認された。

この卵からひなが誕生し、両親に保育されて巣立った。こうして新営巣地形成の第一関門を突破《とっぱ》し、きわめて順調なスタートをきった。

足踏《あしぶ》みした8年間

しかしその後、ここで繁殖するつがいの数はなかなかふえなかった。それで、１９９８年の秋から音声装置とデコイの配置の改良に取り組んだ。それまで、再生音声はＬＳＩに書きこんだ1単位96秒の単調なくり返しだった。ちょうどこのころからフラッシュメモリーを利用できるようになり、１単位に約30分の高音質データを書きこみ、くり返しがなく再生することができるようになった。この音声装置は三洋テクノサウンドが製作した。また、デコイを25体ふやして95体にし、それらの配置を変えた。

この改良によって、１９９８年には飛来する頻度《ひんど》や、そのあと着陸する割合《わりあい》が上がったが、翌年からまた下がってしまった。おそらく鳥たちが動かないデコイや再生される音声になれてしまったにちがいなかった。

そのあいだも、最初の1組のつがいが、毎年、まったく同じ場所で営巣、産卵し、ひなを保育した。もし片方《かたほう》が死亡すれば、そのつがいがいなくなり、新営巣地形成計画は振りだしにもどってしまう。まさに、つな渡りのような年月だった。もちろん、そうならないように工夫した。臭《にお》いで鳥たちを安心させようと、従来営巣地の周辺で抜《ぬ》け落《お》ちた羽毛を集め、それを薄手《うすで》のストッキングに入れて、新営巣地に生えているラセイタソウやイソギクの草株の中においた。じっさい、それに興味を示した若鳥もいた。

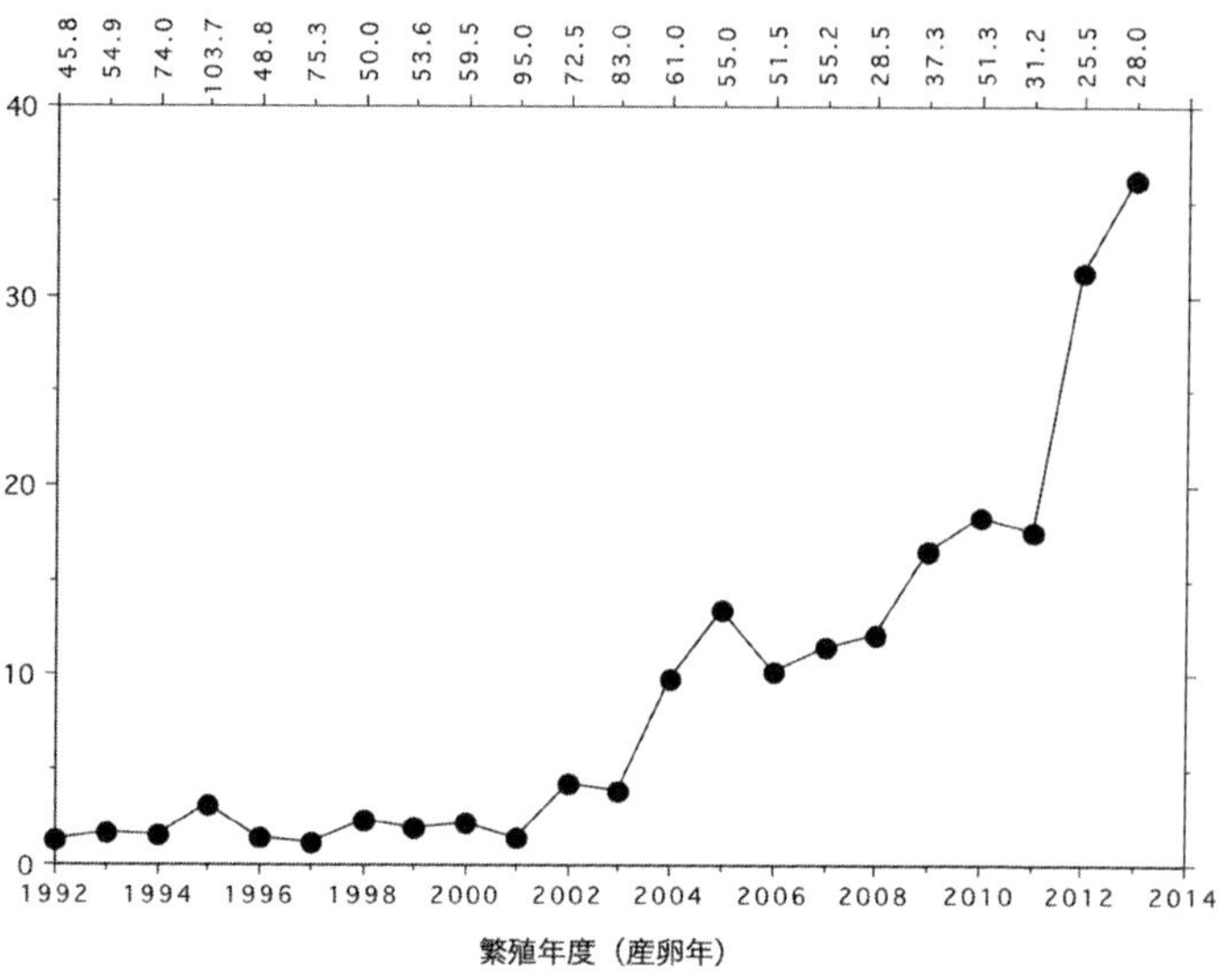

図6　北西斜面の新営巣地の上空にオキノタユウが飛来した頻度（1時間あたりの回数）。上段の数字は総観察時間。２００２年度から飛来頻度が上がり始め、２００４年度からさらに上がった。

それから5年後の２００３年の春、ようやく変化のきざしが現れた。新営巣地を訪れる若鳥の数が前年度よりかなり多くなり、平均して10羽あまり、多いときには18羽がそこで夜を過ごした。これは、数組のつがいが定着しようとしていることを示した。巣立った幼鳥は成長して若鳥になり、大半は3歳から出生地に帰ってきて、つがい形成を始める。燕崎の従来営巣地から毎年１００羽以上のひなが巣立つようになり、帰ってきた若鳥で従来営巣地がこみあってきて、そこを避けて一部の若鳥が新営巣地に移ってきたにちがいなかった。

また、新営巣地の上空に飛来する回数がふえ（図6）、着陸する割合がそれまでの4割前後から約6割になり（図7）、新営巣地への定着が進んだと判断された。暗く長いトンネルを抜《ぬ》けて、やっと明るい光が見えた。

新営巣地ができた

２００４年11月、新たに3組が加わって、4組のつがいが産卵し、ついに新営巣地ができた。「デコイ作戦」の開始か

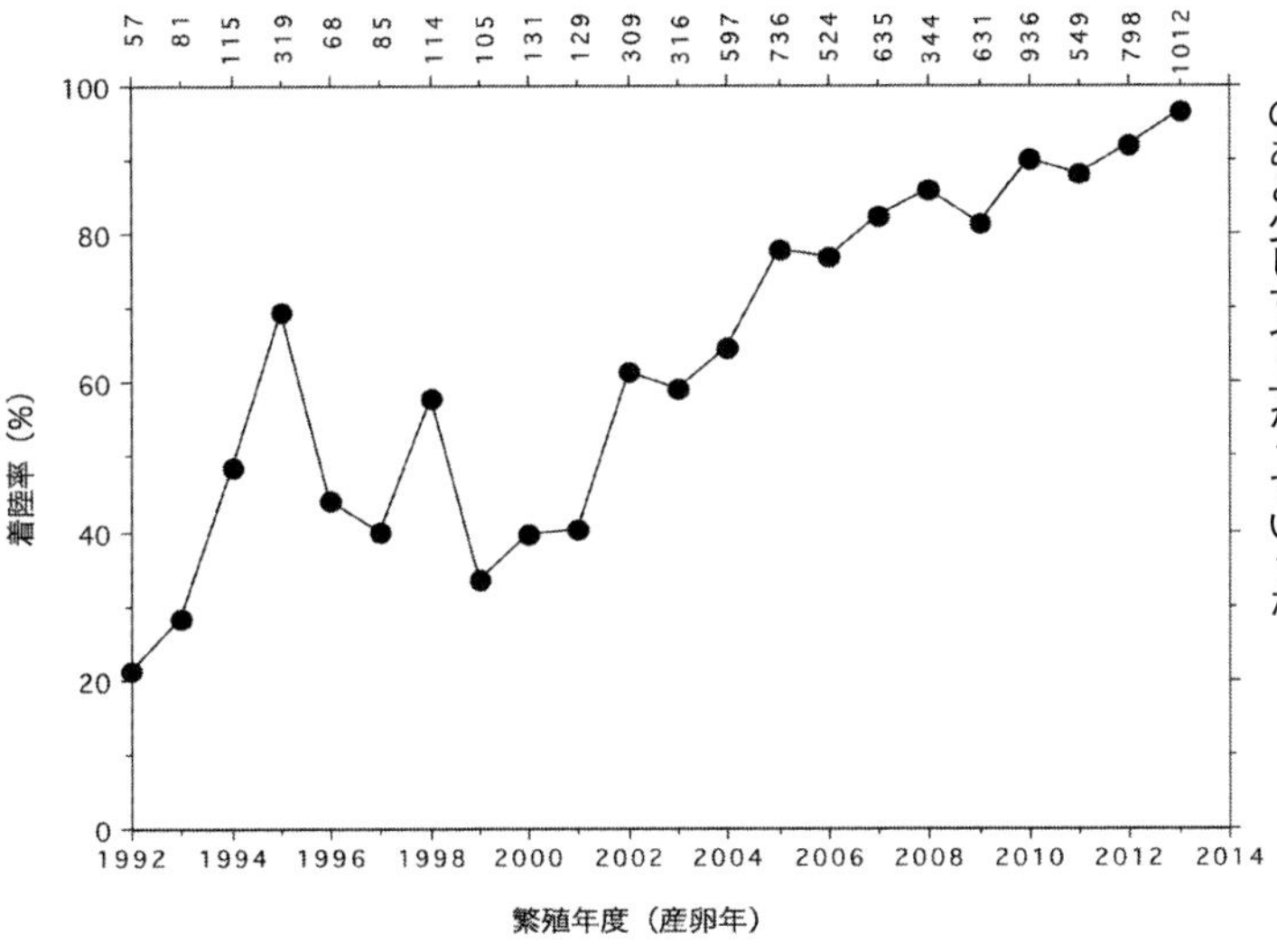

図7　上空に飛来した個体が新営巣地に着陸した割合。上段の数字は観察個体の総数。最初のひなが生まれた1995年度と音声装置を改良した1998年度に着陸率が上がったが、そのあとすぐに下がってしまった。2002年度から60%以上になり、そのあと少しずつ上がっていった。

ら12年が過ぎていた。それらから4羽のひなが誕生し、翌年5月、海に飛び立った。念願だった第二の保護課題が達成された！

1995年にここで初めて産卵してから毎年、産卵し、1996年度と2001年度を除《のぞ》いて、7羽のひなを育て上げた最初のつがいに「よくがんばってくれた」と、感謝しなければならない。かれらが途中であきらめていたら、この日を迎《むか》えることはできなかった。

つぎの繁殖期には15組のつがいが産卵し、13羽のひなが巣立った。そして、新営巣地で76羽の成鳥や若鳥が観察された。今度は、これらの鳥たちが若い個体をどんどん誘いこむと予測されたので、2006年の繁殖期にデコイと音声装置をとりさった。その年度、24組のつがいが産卵し、16羽のひなが巣立った。ぼくには〝爆発的《ばくはつてき》〟ともいえるスタートダッシュに思えた。

そのあと、予測したとおり、従来営巣地から若い個体がどんどん移ってきて、新営巣地で繁殖するつがい数は急速にふ

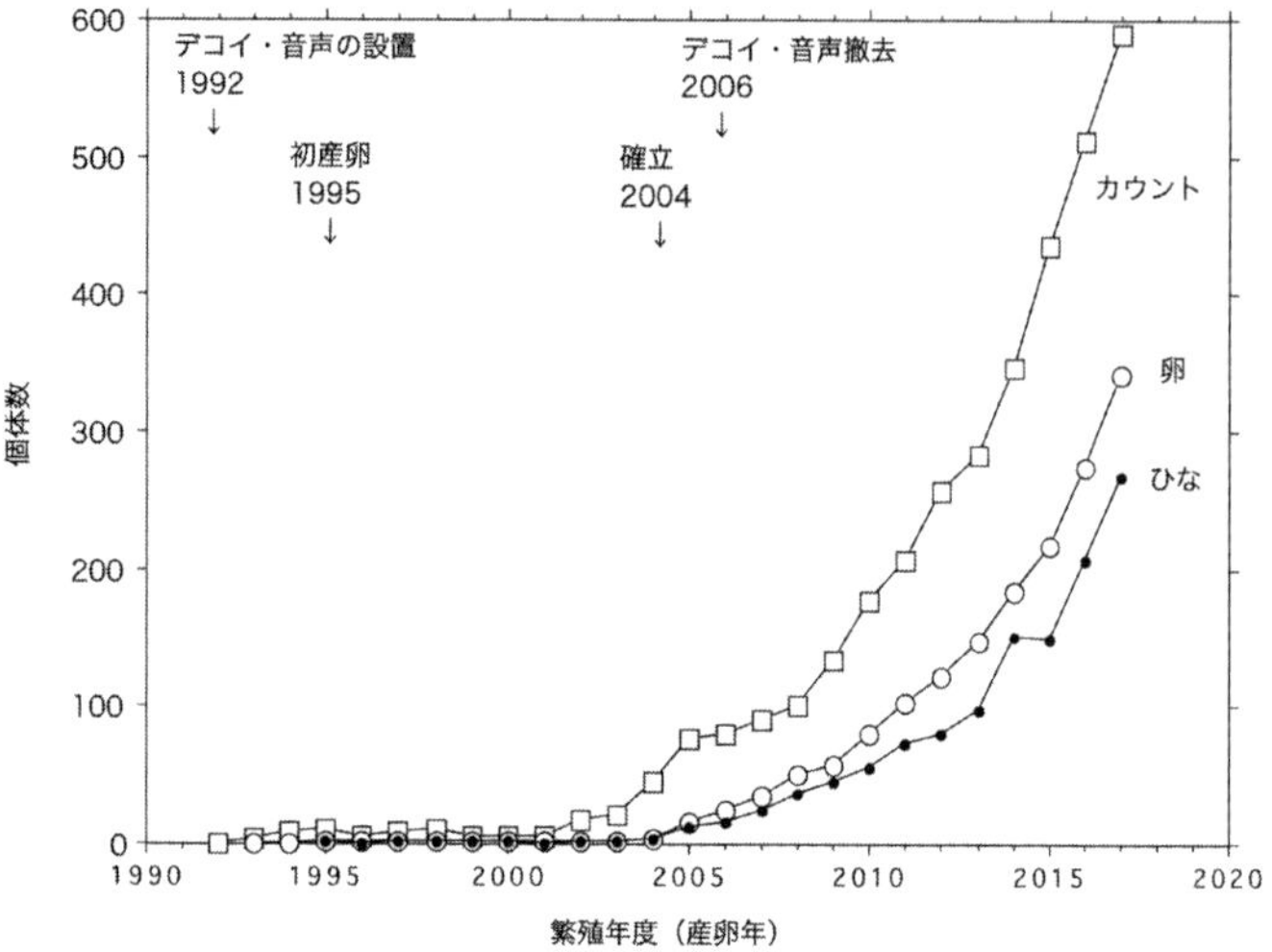

図8　デコイと音声を利用した新営巣地の形成。2002年度から観察される個体数（カウント、□）がふえ始め、2004年度に4組のつがいが産卵して新営巣地ができた。そのあと、従来営巣地から若鳥がどんどん移ってきて、ここで繁殖するつがいの数（◯）は急激にふえた。

えた（**図8**）。その増加率《ぞうかりつ》は毎年28・5％で、驚異的《きょういてき》な値《あたい》である。その結果、できてからわずか14年後の2018年に、新営巣地で389組が産卵し、鳥島集団全体の約38％を占《し》めるまでになった。

燕崎崖上にも新営巣地

北西側斜面に新営巣地ができた2004年11月に、燕崎の崖上にある広く平らな場所でも、2組のつがいが産卵した。ここにはデコイや音声装置を設置しなかったから、まったく自然に新しい営巣地ができたことになる。

崖下《がけした》にある従来営巣地に着陸するとき、オキノタユウはこの平らな場所の上空を飛行したり、旋回したりすることがある。ところどころにハチジョウススキやラセイタソウ、イソギクの草むらがあるので、営巣場所を探していた若い鳥が従来営巣地の延長《えんちょう》として、まず着陸したのだろう。

従来営巣地が混雑してきた2002年の春から、この場所で数羽の若鳥の求愛行動が見られるようになり、2003年

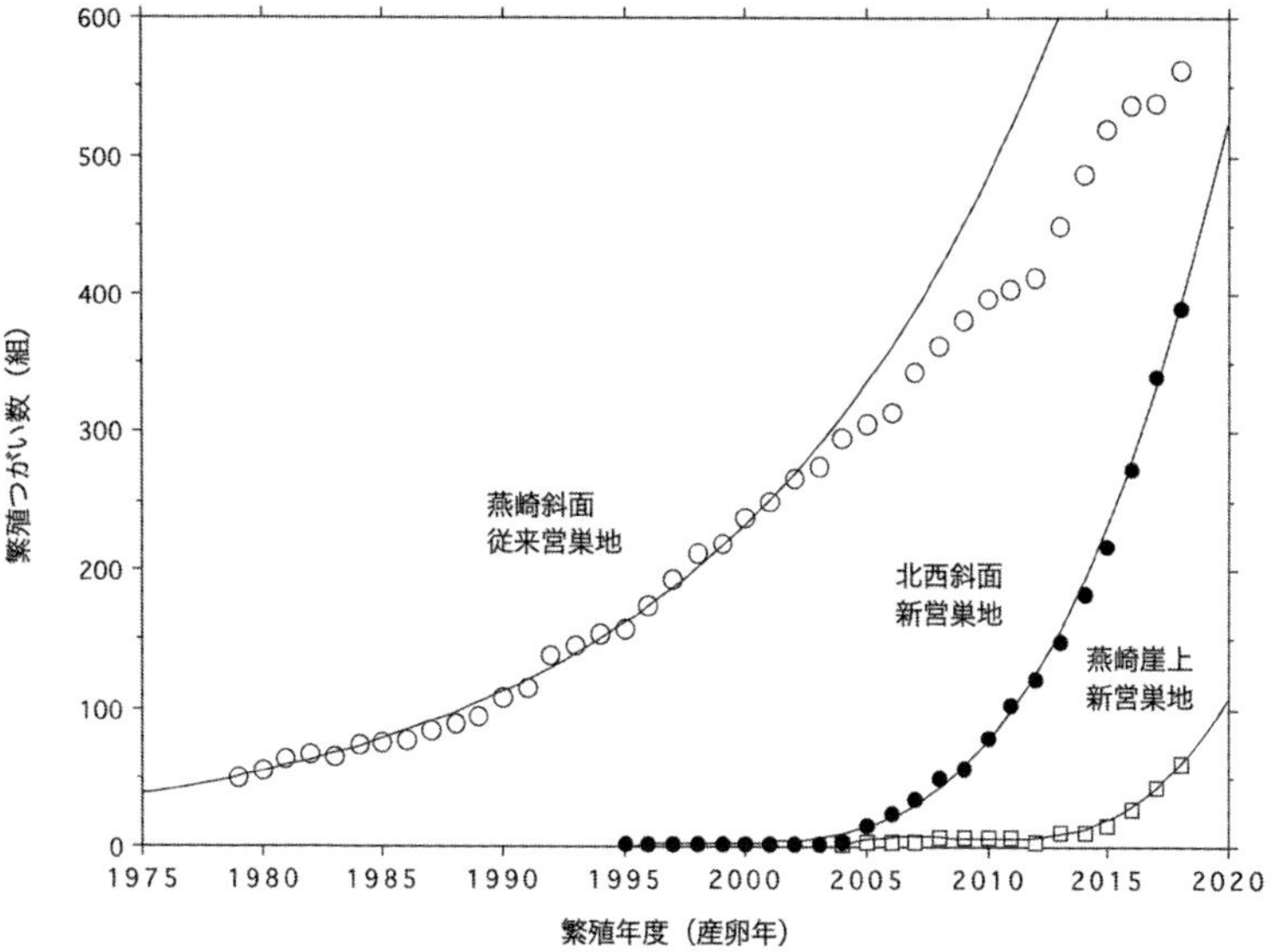

図９　鳥島の三つの営巣地で繁殖するつがい数の増加。2004年に北西側の斜面に新営巣地ができるまで、燕崎斜面の従来営巣地（○）のつがい数はほぼ一定の率（毎年7.6％）でふえてきたが、それ以後は同じ率ではふえなくなった。北西側斜面の新営巣地（●）では、従来営巣地から若鳥が移ってきて繁殖を始めたことと、そこから巣立った個体が繁殖年齢になって繁殖を始めたことで、つがい数が急激にふえた（毎年28.5％）。数年のうちに従来営巣地のつがい数に追いつき、追い越すと予測される。また、2004年度に燕崎の崖上の平らな場所に自然にできた新営巣地（□）は、2015年度からふえ始めた。

から数羽が滞在するようになった。そして、２００４年に２組のつがいが産卵した。残念ながら、この年にこれらのつがいは繁殖に成功しなかった。ここは、ごくまばらにラセイタソウやハチジョウススキが生えているだけで、大部分は砂や小石でおおわれている。そのため、強風や大雨の影響をまともに受けやすい。

この燕崎崖上で繁殖するつがいの数は、２０１２年まで８年間にわたって３〜７組であったが、13年に11組になり、15年に16組、16年27組、17年42組、18年には59組へと急にふえた（**図9**）。そして、第３営巣地ができあがった。

鳥島火山の噴火

新営巣地ができる前に、ぼくにとって大事《だいじ》

件《けん》が起こった。2002年8月11日、鳥島の火山が突如、噴火した。このニュースを、ぼくは大学に行ったとき、正門で守衛《しゅえい》さんから聞いた。

「長谷川先生、鳥島が噴火したって、テレビでいっていますよ」

ぼくはすぐ研究室でそのニュースを確認し、一瞬、途方《とほう》にくれた。もし1902年と1939年の大噴火《だいふんか》のようになれば、これまでの努力が水の泡《あわ》になってしまう。

また、火山活動が長引けば鳥たちの繁殖活動に影響がおよぶかもしれない。ちょうど2年前の2000年に起こった、三宅島の大噴火の映像が頭の中に鮮明《せんめい》によみがえった。またもや〝非常事態〟だと、ぼくは思った。

ただちにいくつかの筋書《すじが》き(シナリオ)のもとに鳥島集団の繁殖つがい数がどのように移りかわるか、計算した。その結果、たとえ数年から10年間にわたって繁殖活動が中断《ちゅうだん》された場合でも、以前に巣立った個体が成長して、つぎつぎに繁殖集団に加わるから、仮想的《かそうてき》なつがいの数は増加しつづけ、そのあとは少しずつ減少《げんしょう》するだろうと予想された。そのころ、鳥島集団の総個体数は約1400羽と推定されていて、しばらく繁殖ができなくても、総個体数が再び1000羽以下になることはないと推論された。火山噴火がオキノタユウを再び絶滅の淵《ふち》に追いやることはないと、ぼくは確信《かくしん》し、ほっとした。

さいわい、この火山活動は小規模で、一時、噴煙《ふんえん》が約300メートルの高さまで上がったが、9月初めにはおさまった。

ぼくは、１９８３年12月、加古川女子短期大学の研究室に山田信夫先生を訪ねた。先生は、１９３２年4月に鳥島の噴火口《ふんかこう》に下りて火山活動を撮影し、１９３９年の大噴火をよく知っていた。そののち、会うたびにぼくの保護研究を励ましてくれ、またつぎのように語って、警戒を怠《おこた》らないように気を引きしめてくれた。

「長谷川君、鳥島はおそろしい活火山の島だから、くれぐれも気をつけるように」

その言葉を頭に入れていたので、ぼくの生存中に鳥島が1回は噴火するだろうと考え、鳥島にいるときにはいつも警戒していた。この噴火が鳥島滞在中でなくてよかった。しかし、２００２年11月に繁殖つがい数を調査するために、鳥島に行かなければならなかった。噴火の危険を避けるため、滞在はできるだけ短くする必要があった。

それで、調査方法を工夫した。それまで、前年の繁殖期の写真にもとづいて営巣地の地図をつくり、現地でそれに修正《しゅうせい》しながら、卵のある巣を確認していた。それでは時間がかかりすぎると考え、その年からデジタルカメラで営巣状況の写真を撮《と》り、ベースキャンプでプリントアウトして、その画像《がぞう》をトレースして巣の地図をつくることにした。前の年の２００1年には繁殖つがい数が２５1組だったので、以前の方法ではもう対応《たいおう》できなくなっていた。新しい方法で、効率的《こうりつてき》に調査し、２６７組の産卵を確認した。

この噴火は、鳥島が危険な島であることを多くの人に知らしめた。２０００年8月、オキノタユウはアメリカ合衆国《がっしゅうこく》の「生物種保存法」の対象種に指定され、それを受けて２００２年11月中旬にハワイのカウアイ島で、アメリカ連邦《れんぽう》魚類野生生物局の「オキノタユウ再生チーム」の第1回会合がもたれた。4日間にわたって、アメリカ、日本、オーストラリアの研究者からなる国際チームが再生基本計画をはば広く、また深く議論《ぎろん》した。ぼくは、オキノタユウが1930年代まで繁殖していた、火山島ではない小笠原諸島聟島《むこじま》列島に繁殖集団をつくることを提案した。そして、それが優先的《ゆうせんてき》保護課題の一つとしてとり上げられた。ぼくを含む11人のメンバーと2人のオブザーバーが、鳥島再噴火《さいふんか》の可能性を認《みと》め、安全な島に繁殖集団をなるべく早く形成する必要があると結論《けつろん》した。このときも〝非常事態〟がオキノタユウの保護計画を前進させた。

小笠原諸島への再導入《さいどうにゅう》計画

日本列島の110カ所で確認されている活火山のうち、鳥島は火山活動がもっとも活発なAランクに分類される13山の一つである。そこで繁殖するオキノタユウは常に火山噴火の危険にさらされている。そのため、多くの人が鳥島以外の安全な島に繁殖集団をつくる必要性《ひつようせい》を認めてきた。

ぼく自身も、従来営巣地で最初に草植え工事をしたあと、「オキノタユウ再生計画」を展望して、まず北西側斜面に新しい営巣地を形成し、そこで繁殖集団が大きくなったら、火山島ではない小笠原諸島聟島列島北之島《きたのしま》に〝植民〟するという計画を考えた。ただ、それを実行するまでには30〜40年かかると予想し、ぼく自身ではなく、将来の世代の仕事になるだろうと考えていた（長谷川博「アホウドリ再生計画」日本野鳥の会東京支部会報《しぶかいほう》『ユリカモメ』第313号10−11頁、1982年1月）。

それでも、将来のために現地を見ておく必要があると思い、1977年と78年の11月に鳥島への航海のあと、「みやこ」の船上から聟島列島の島じまを観察した。また、1992年3月には、聟島列島の主な島じまに上陸して、クロアシオキノタユウとコオキノタユウの繁殖状況を調査し、当時、数多く生息していたノヤギの海鳥類の繁殖に対する影響を検討した。つづいて同じ年の6月に、上陸が困難だった北之島にようやく上陸し、オキノタユウが1930年ころまで営巣していた場所を歩きまわり、海鳥類の繁殖状況を調査した。

2002年11月の「オキノタユウ再生チーム」の会合で、再導入による繁殖集団形成という保護構《こう》想《そう》が具体的になったので、まず小笠原の人びとに知ってもらうことがたいせつだと考え、ぼくは2003年2月下旬に小笠原諸島父島を訪れて、小笠原支庁や村役場、小笠原自然文化研究所の友人・知人と協力して、小笠原ビジターセンターで「アホウドリ展」を行なった。また、聟島列島に繁殖集団を形成する計画について講演し、セミナーを開いて議論をした。そのあと、聟島列島を漁船でめぐり、主な島じまに上陸して再導入の候補地の調査をした。

オキノタユウ再生チームの第2回会合は2004年5月に日本の我孫子《あびこ》で開催され、再生基本計画の草案が議論された。さらに、その年の8月にウルグアイのモンテビデオで開催された国際オキノタユウ・ミズナギドリ類会議のワークショップで新営巣地形成の具体的手法が多くの研究者によって議論され、そこでの意見や提案をふまえて、再生チームの第3回会合がもたれ、実施に向けてのくわしい道筋《みちすじ》と手法がきまった。そして、アメリカ魚類野生生物局の「オキノタユウ再生基本計画」は20

05年10月に初版《しょはん》がまとめられた。

小笠原諸島聟島列島に繁殖集団を形成する計画を具体化するため、ぼくたちは2005年3月中旬に再度《さいど》、聟島列島の現地調査を行ない、その候補地をしぼりこんだ。その年の9月に、環境省のオキノタユウ保護増殖《ぞうしょく》基本構想《こうそう》にこの再導入計画が組みこまれ、アメリカ魚類野生生物局、山階鳥類研究所、環境省が協力してこの大計画を進めることになった。ぼくは両方にかかわることができないので、鳥島で野外調査と保全活動をつづけて鳥島集団を持続的に成長させ、後方から大計画を支《ささ》えることにした。

従来営巣地保全管理の補完《ほかん》作業

燕崎斜面の従来営巣地で砂防と植栽の工事がつづけられた結果、1990年代末から毎年100羽以上のひなが巣立つようになり、繁殖成功率は目標だった約67%に維持され、従来保全管理計画は成功をおさめた。また、2004年度に北西側斜面に新営巣地ができて、「デコイ作戦」も実を結んだ。こうして、1990年に検討された二つの保護課題が達成されたため、2005年度から環境省は鳥島での保護事業を中止した。

ぼくは、つぎの小笠原諸島への再導入計画の準備をしようと考えた。2005年春の時点で、繁殖つがい数は300組あまり、巣立ちひな数は200羽に届かず、鳥島集団の総個体数は推定で約1700羽だった。将来、鳥島から小笠原諸島聟島列島に必要数のひなを送り出しても鳥島集団の成長率が下がらないようにするためには、繁殖成功率をさらに3〜5ポイント引き上げて、70%台にする必要があった。また、再導入計画が実施されるまでに総個体数が２０００羽になり、巣立つひなの数が毎年、２００羽を超えていなければならないと思った。そうした条件が整わないと、小笠原諸島への再導入計画に賛成《さんせい》できない人が現れるかもしれないと感じたからである。

ぼくは、２００５年から２００９年までの5年間、毎年6月中旬に一人で鳥島に行って、ひなが巣立った従来営巣地にきめ細やかな植栽作業をほどこし、土どめの補修作業を行なった。設置してから数年がたつと、潮風《しおかぜ》と砂混《ま》じりの強風の影響で蛇籠の鉄線がさびて細くなり、金網《かなあみ》が部分的に破れてしまう。その結果、蛇籠から石が転がり出て、泥流を防ぐ効果が失われてしまった。それで、さびないプラスチック製のトリカルネットを使って網籠を造り、土嚢《どのう》をつめ、その下流側に石を積んだ。この時期、鳥島には梅雨《ばいう》前線が停滞《ていたい》し、雨や曇《くも》りの日が多かった。雨の中、現場での作業はかなりつらかったが、雨は移植した草株の根づきをうながした。

小笠原諸島聟島列島への再導入計画が始まった２００７年度に、従来営巣地から10羽のひなが送り出された。それらをのぞいて、鳥島集団の繁殖成功率は70・7%で、総個体数は推定で２１４０羽になった。また、２００８年度には15羽のひなが送り出されて繁殖成功率は73・2%に、２００９年度には15羽で73・3%となった（付録1、１７１頁参照）。そして、鳥島全体の巣立ちひな数は２００７年度に２７０羽、２００８年度に３０６羽、２００９年度に３２７羽と、着実にふえた（付録1参照）。この補完作業の目的は完全に達成された。

鳥島の3カ所で営巣

現在、オキノタユウは鳥島の３カ所で営巣している。燕崎斜面と北西側斜面、それに燕崎崖上の平地である（図9、75頁と3頁地図参照）。その中で、北西側斜面の新営巣地は、草本植物におおわれたなだらかな斜面にあり、卵が巣からころがり出る事故は起こらず、また砂混じりの突風も起こらず、オキノタユウの繁殖にもっとも適していると予測された。

新営巣地が確立した２００４年から２０１７年度までの14年間について、三つの営巣地の繁殖成功率を比較すると、従来営巣地や北西側斜面ではほぼ安定していたが、崖上営巣地では大きく変動した。平均すると、新営巣地では75・３％ともっとも高く、保全作業を行なった従来営巣地では65・7％、植生がまばらな崖上営巣地では57・3％だった（図10）。まさに、予測したとおりになった。

北西側斜面は広く、オキノタユウの営巣に適した区域はじゅうぶん過ぎるほどあり、この斜面一帯では数万組のつがいの繁殖が可能だろう。今後、この斜面で繁殖するつがい数がふえるにつれて、鳥島全体での繁殖成功率は少しずつ上がるはずで、70％台にのると期待される。その結果、鳥島集団の成長率もさらに上がるはずである。

小笠原再導入の準備と実施

伊豆諸島鳥島から、その南南東約３５０キロメートルにある小笠原諸島聟島列島聟島にひなを再導

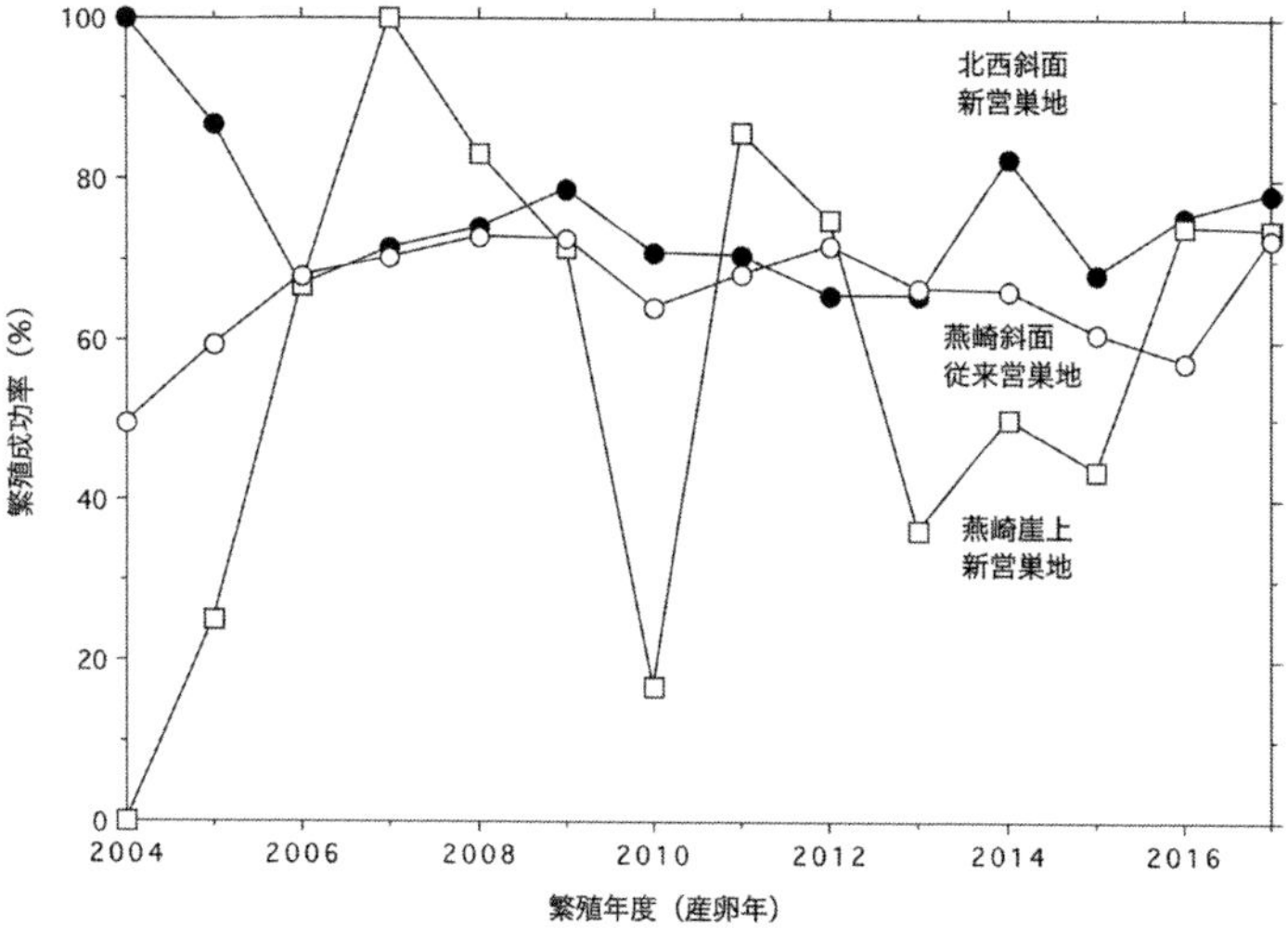

図10　鳥島の三つの営巣地における繁殖成功率の変動。燕崎斜面の従来営巣地（○）では、保全作業をつづけた結果、ほぼ60～70％に保たれ、平均して65・7％だった。北西側斜面の新営巣地（●）ではいつも65％以上で、平均では75・3％だった。植物がまばらに生えている燕崎崖上の新営巣地（□）では、繁殖成功率は毎年大きく変動し、平均すると57・3％だった。

入して繁殖地を復元する大計画は、つぎのように進められた。まず、２００６年に北西ハワイ諸島ミッドウェー環礁《かんしょう》からコオキノタユウのひながカウアイ島に運ばれ、そこでひなの野外飼育の研修《けんしゅう》が行なわれた。この担当者に山階鳥類研究所の出口智広《ともひろ》博士が選ばれた。つぎの年、小笠原諸島聟島列島聟島の現地で、列島で繁殖しているクロアシオキノタユウのひなを候補地に移動《いどう》し、野外飼育を行ない、現場で起こりうるさまざまな問題にそなえた。

　こうした〝予行演習《えんしゅう》〟をへて、２００８年2月に鳥島から10羽のひなが聟島列島に運ばれた。3カ月間の野外飼育ののち、すべてのひなが巣立った。翌年から２０１２年まで、毎年15羽のひなが鳥島から聟島に運ばれ、野外飼育された。合計70羽のひなが運ばれて、69羽が無事、海に飛び立った。

　開始から4年後の２０１２年11月に、鳥島から運ばれ、聟島から巣立った雄《おす》が標識のない雌《めす》とつがいになり、初めての産卵がみられた。しかし、ひなは誕生《たんじょう》しなかった。翌年も同じつがいが産卵したが、ふ化しなかった。

そして再導入を始めてから6年後、２００９年に鳥島から運ばれて聟島から巣立った雄と鳥島から自発的に移った雌がつがいになり、聟島列島の媒島《なこうどじま》で営巣し、２０１４年5月に最初のひなが巣立った。そのつぎの年はひなが巣立たなかったが、２０１６年には聟島で2羽目のひなが誕生し、巣立った。２０１７年にも1羽のひなが巣立った。また２０１７年の春には、聟島列島から最初に巣立った個体が成長して聟島にもどってきたことが確認された。

　こうして、聟島列島に核《かく》となる繁殖集団が形成されれば、将来、個体数がふえた鳥島集団から自発的に移りすむ個体が現れ、小笠原諸島集団が順調に成長してゆくにちがいない。

ついに5000羽に到達《とうたつ》

　２０１８年3月18日、ぼくは八丈島に向かった。そこで食料や発電機の燃料《ねんりょう》などを購入し、調査の装備《そうび》を点検《てんけん》した。天気が回復し、海がおだやかになるのを待って、24日に鳥島に向けて出帆した。そして、25日に鳥島に上陸、５月６日に島を離れるまで42日間にわたって滞在し、野外調査を行なった。

　この調査の最大の目的は、巣立つひなの数を調べ、それらを含めた鳥島集団の総個体数が５０００羽になったことの確認だった。前年11月の調査の結果、この年度の繁殖つがい数は９２１組であった。それにもとづいて推定すると、この時点で成鳥の個体数は約２２５５羽となった。また、繁殖年齢になっていない若鳥の個体数は約２２２０と推定された。それらを合わせると約４４７５羽となり、もし巣立つひなの数が５２５羽であれば、鳥島集団は推定で５０００羽になる。

上陸のつぎの日から晴天がつづいた。ぼくは、３カ所の営巣地をまわって、双眼鏡とハンドカウンターでひなの数を調べた。草の陰《かげ》になって見落としてしまうひなもいるから、カウントした数はじっさいにいる数よりも少ない。それでも、燕崎斜面に約３８０羽、北西側斜面に約２５０羽、燕崎崖上には約30羽のひながいて、合わせると約６６０羽になった。ついに、鳥島集団が５０００羽を超える。

このことを知った日の夕方、ぼくはおだやかな海に沈《しず》む太陽をながめ、缶《かん》ビールを飲みながら、鳥島のオキノタユウの歴史《れきし》を振りかえった。１３０年前、ここにはものすごい数の鳥が繁殖し、島全体が白く見えるほどだった。眼の前にある海の上には白波のように鳥たちが群れて浮いていた。また、島の上空に鳥たちが群れて飛び、〝鳥柱〟ができていた。それから、人間による大虐殺《だいぎゃくさつ》が始まり、約70年前には1羽も見られなかった。そのあと、ごく少数の個体の生存が再発見され、積極的に保護されるようになり、ようやく５０００羽にまで回復した。

最近、数十羽から１００羽くらいの鳥たちが海上に群れて浮く光景を、鳥島の南東端の燕崎の沖だけでなく、北西側の沖でも目にするようになった（**写真**）。いずれ、こうした群れがもっと大きくなり、群れの数もふえ、白波と見まがうようになるだろう。また、島の風下側の沖合に小さな鳥柱ができることも多くなった。風下側に上昇風ができ、そこで旋回《せんかい》飛行をしながらぐんぐん高度を上げてゆく。そして、頂上《ちょうじょう》に近い高度になったら、つぎつぎに島に向かって流れるように飛ぶ。青い海を背《はい》景《けい》に数十羽の大きな白い鳥が群れ舞《ま》う景色は、現実《げんじつ》とは思えないくらいで、ほんとうにすばらしい。ときには鳥柱の下でザトウクジラがブリーチング（大ジャンプ）をして、青い海に大きな白い環を描《えが》

鳥島の西の海上に群れるオキノタユウ（2017年４月撮影）。
大部分が若鳥で、流木に興味を示していた。

く。おくれて、ドーンという音が聞こえる。ちょうど海面に開いた花火のようだ。

４月下旬になり、ぼくは６日間をかけて、巣立ち間近いひなに足環標識をつけた。そうして分かったひなの数は、燕崎斜面で３９０羽、北西側斜面２６７羽、燕崎崖上31羽で、合計６８８羽だった。その結果、鳥島集団の総個体数は推定で約５１６５羽になった（図11）。また、鳥島全体での繁殖成功率は74・７％で、過去《かこ》39年間で最高を記録した。41年前に初めて鳥島に上陸したとき、ひなの数はたった15羽だった。それが６８８羽になり、およそ46倍にふえた。ぼくにとって夢のような数だった。

繁殖つがい数が1000組を超えた

その年の11月12日、第１２５回鳥島調査のため、ぼくは八丈島に向かった。ちょうど42年前のこの日に、最初の調査のために京都を発《た》ち、伊豆大島に向かった。そのとき、まだ28歳だった。

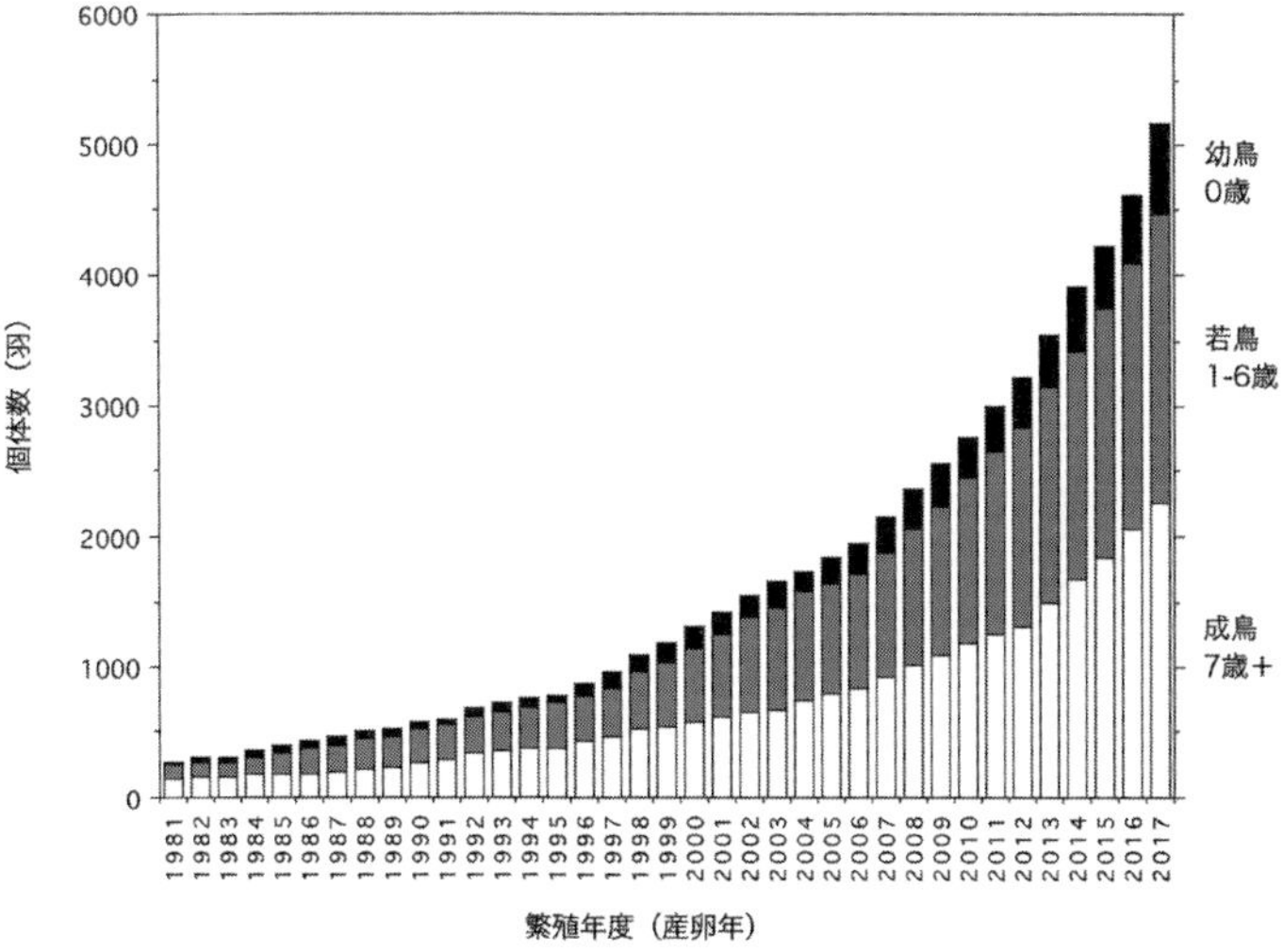

図11　鳥島集団の推定された総個体数。成鳥個体数は繁殖つがい数の2・5倍とし、若鳥の個体数は、巣立ったひなの生き残り率を毎年95％として、毎年の巣立ちひな数から生存していると推定される１歳から６歳の若鳥の個体数をもとめて、それら合計した。幼鳥はその年度に巣立ったひなの数。1988年度に約500羽になり、1998年度に1000羽を超え、さらに2007年度に2000羽、2015年度に4000羽を超えた。２倍にふえるのにかかった年数は、10年、９年、８年と短くなった。

この調査を最終回とすると聞いた大学生時代からの友人があちこちからわざわざ八丈島に集まり、にぎやかな壮行会《そうこうかい》を開いてくれた。鳥島に同行して取材した友人も、八丈島まで見送りにきてくれた。11月16日の午後、八丈島神湊《かみなと》港を出帆《しゅっぱん》し、17日の朝、鳥島に上陸した。くしくも、42年前に鳥島に近づき、初めてオキノタユウを観察した日と同じだった。

鳥島集団の個体数がふえたので、調査には時間がかかる。まず、３カ所の営巣地をまわり、写真を撮って巣の地図をつくる。その地図が15枚《まい》になった。それらを持って、営巣地を見わたせる場所に行き、そこからフィールドスコープや双眼鏡を用いて、巣に卵があるかどうかを調べる。１回ではわからないので、数日おきに４、５回、その作業をくり返さなければならない。12月４日に調査を終え、５日にその結果を集計した（**表４**）。

鳥島集団の繁殖つがい数はついに１０００組を超えた。１９７９年から繁殖つがい数を調べてきたが、つがい数

表4　2018年11～12月の繁殖つがい数とカウント数

	燕崎斜面	北西側斜面	燕崎崖上	鳥島全体
繁殖つがい数（組）	563	389	59	1011
前年からの増加率（％）	4.6	14.1	40.5	9.8
カウント数（羽）				
最大	875	666	127	1645
平均	846.7	637.3	118.5	1605.5
前年からの増加率（％）	4.0	14.9	39.7	10.3

カウント回数：燕崎斜面、燕崎崖上、鳥島全体は6回、北西側斜面は11回

がへったのは１９８３年度のただ1回だけだった（図12）。その7年前は、ぼくが最初に調査を行なった１９７６年度で、そのころ巣立ちひな数がかなり少なかった。その結果、その年に繁殖年齢になった鳥の数が少なかったためだろうと推測された。それからは35年間、繁殖つがい数はふえつづけてきた。

また、営巣地とそのまわりで観察される個体数は１６００羽を超えた。ほぼ毎日、鳥島の３カ所で、およそ１６００羽のオキノタユウが見られた。これは山階芳麿が１９３０年２月に約２０００羽、山田信夫が１９３２年４月に約１８００羽を観察したときの生息状況に近い。ようやく90年近く前の状況にもどすことができた。

ぼくは21世紀になってから、「北西側斜面に新営巣地ができること」に加えて、「鳥島集団が総個体数５０００羽、つがい数１０００組になること」を個《こ》人的《じんてき》目標にしてきた。21世紀の初め、２００1年に繁殖集団の単純《たんじゅん》なモデルで将来の繁殖つがい数を予測したとき、「５０００羽、１０００組」になるのは２０２０年だった。それが2年早く実現した。「デコイ作戦」に成功し、北西側斜面に新営巣地ができて、そこで繁殖するつがい数が急にふえた。それらが早く実現できた大きな要因である。

12月5日は午前から強い雨が降り、雷鳴《らいめい》がひびいた。昼過ぎに寒冷前線が通

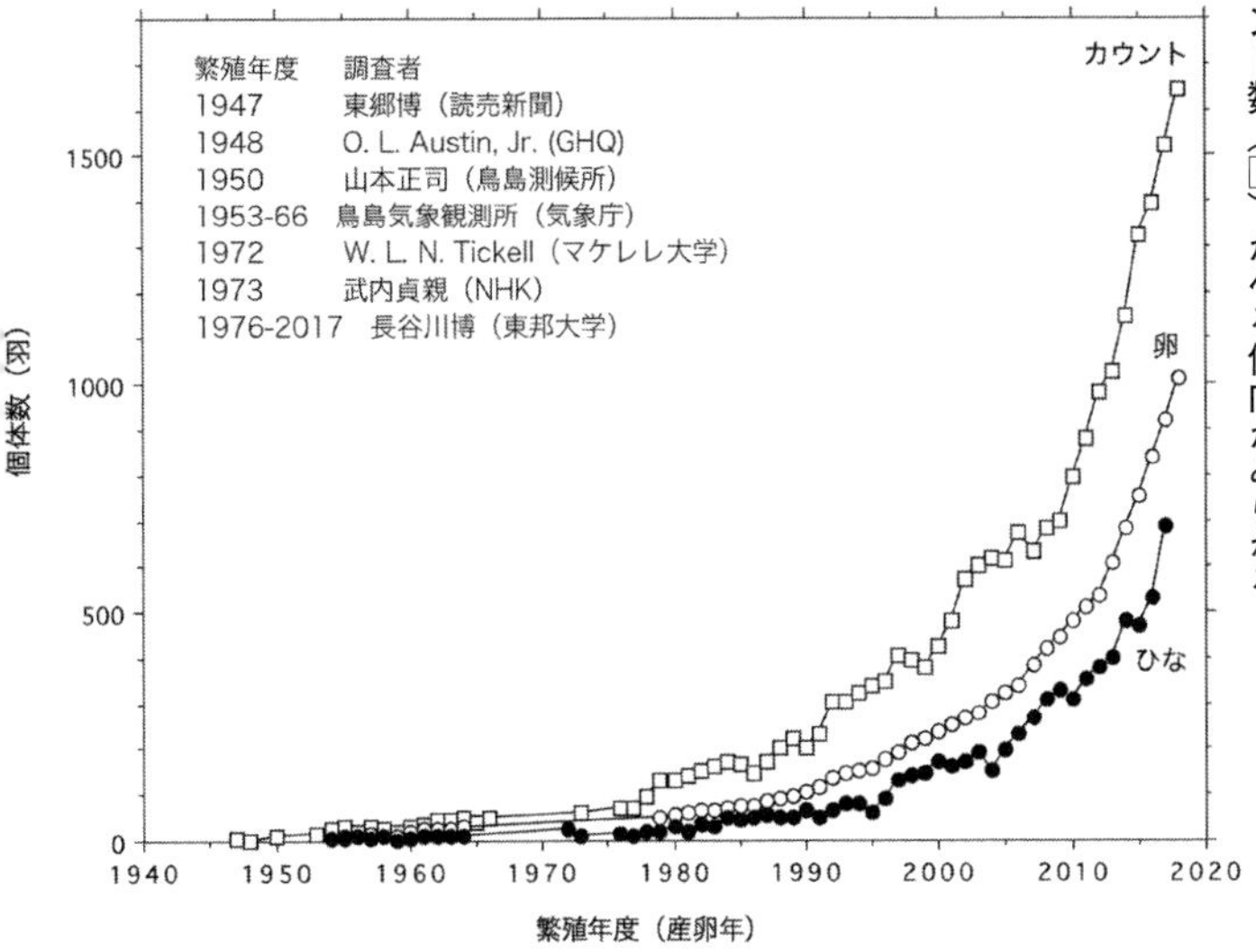

繁殖年度	調査者
1947	東郷博（読売新聞）
1948	O. L. Austin, Jr. (GHQ)
1950	山本正司（鳥島測候所）
1953-66	鳥島気象観測所（気象庁）
1972	W. L. N. Tickell（マケレレ大学）
1973	武内貞親（NHK）
1976-2017	長谷川博（東邦大学）

図12　鳥島におけるオキノタユウ集団の成長（まとめ：長谷川博）。オキノタユウは一腹に1卵なので、卵の数（○）は繁殖つがい数と同じ。抱卵期の調査の前に、斜面にある従来営巣地の巣からころがり出て割れてしまった卵があるはずなので、じっさいに生まれた卵の数はこの数字より少し多いはずである。巣立ったひなの数（●）が急にへった年の3～4年後にカウント数（□）がへる傾向がみられる。

過した。荒れた海でも、近くでザトウクジラはブロー（潮吹《しおふ》き）をくり返した。夜になっても、長いひれを水面に打ちつける大きな音が聞こえてきた。ザトウクジラもオキノタユウの回復を祝っていると、ぼくは思った。その日はいつもより多く缶ビールを用意し、一人で祝杯《しゅくはい》を上げた。

しかしそのあと、西からの強い風が吹いたり、天気がぐずついたりして、迎《むか》えの船が八丈島を出ることができなかった。結局、10日間近く待機して、12月15日にようやく鳥島を離《はな》れ、北上した。その前に、船は風下側の燕崎の沖にまわり、ぼくは海上から鳥たちに感謝と別れを告《つ》げた。

午前10時に北上し始めると、高さ2・5～3メートルほどの波で船が激《はげ》しくゆれた。すぐに船酔い状態になった。舳先《へさき》がすっと持ちあげられて急に落ち、ドスンと波にぶつかった。そのとき一瞬《いっしゅん》、体が浮《う》き上《あ》がり、背中《せなか》から床《ゆか》に打ちつけられる。それを何度もくり返した。ひどい船酔いで、ぼくは何も考えることができなくなった。鳥島から須美寿島《すみすじま》までの約6時間はほんとうにつらかった。

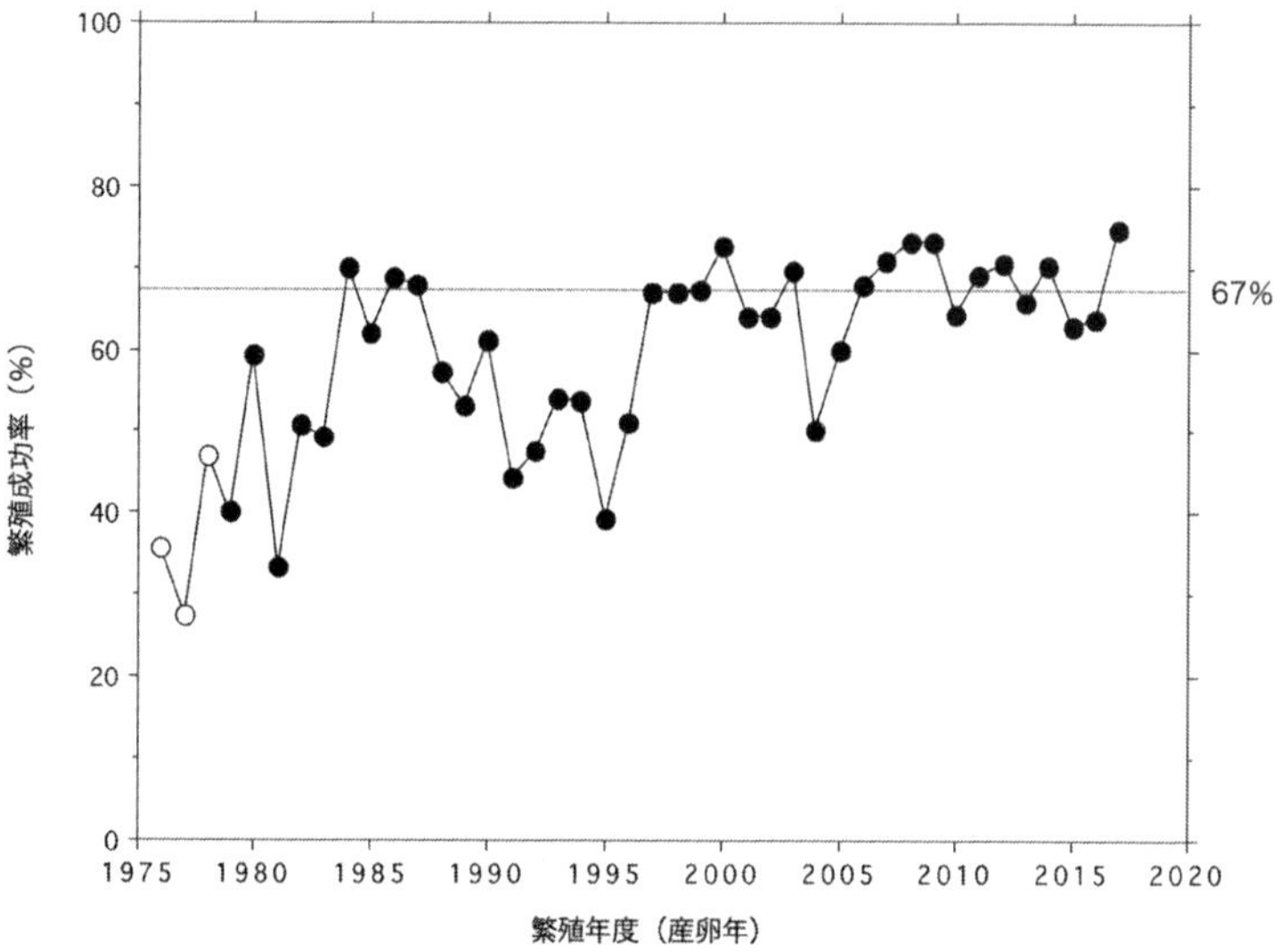

図13　鳥島集団の繁殖成功率の移り変わり（○は推定値）。鳥島の三つの営巣地で繁殖するつがい数を合計して、鳥島全体での繁殖成功率をもとめた。調査期間の後半にあたる１９９７年度からの21年間は平均して67％に保たれた。

いつもより3時間長く、18時間の航海で早朝4時に八丈島に帰りついた。夜明け前にもかかわらず、神《か》湊港《みなとこう》で東邦大学生物学科の卒業生や新聞社の記者がぼくを迎えてくれた。ぼくは船酔いでふらふらだったが、上陸してようやく落ちついた。鳥島調査の最初と最後の航海で、ぼくはもっとも船酔いに苦しんだ。しかし、つらいことも楽しいこともたくさんあった長期にわたる野外調査を、無事、やりとげることができて、ぼくはほっとした。

鳥島集団の再生

初めて繁殖つがい数を調査した1979年から40年間、一度も欠かすことなく、ぼくは鳥島集団の繁殖状況を調べてきた（図13）。この40年間に繁殖つがい数は平均して毎年7・8％ずつ、9・3年で2倍になる割合でふえてきた。この期間を前期、中期、後期の3期に分けて、平均の繁殖成功率と繁殖集団の平均成長率を比較した（表5）。

従来営巣地の保全管理工事によって、繁殖成功率は前期か

表5　前期・中期・後期の別にみた鳥島集団の繁殖成功率と年成長率

	期間	年数	繁殖成功率（%）	年成長率（%）	2倍にふえる年数
前期	1979-1991	13	55.1	6.51	11.0
中期	1992-2004	13	59.0	6.93	10.3
後期	2005-2018	14	68.1*	9.12	7.9
全期間	1979-2018	40	60.8**	7.77	9.3

*13年間の平均、**39年間の平均。

ら後期へおおはばに改善された。それにともなって繁殖集団の成長率もかなり上がった。前期には11年で繁殖つがい数が2倍にふえたが、後期には3年短くなって、約8年で2倍になった。後期に成長率が上がった理由は、繁殖に適した北西側斜面に新営巣地ができてつがいの数が急にふえ、その結果、鳥島全体の繁殖成功率を引き上げられたためである。「デコイ作戦」を始めるとき、新営巣地ができれば全体の繁殖成功率が上がり、それにともなって鳥島集団の成長率が上がると予測した。それが的中した。

オキノタユウが再発見されてから25年後に、ぼくはこの鳥の保護研究を始めた。そのころ、この鳥には〝悲しい物語〟しかなかった。羽毛採取《さいしゅ》のために大量に捕まえられ、絶滅の危機に追いやられた悲劇《ひげき》の鳥として、いつも語られていた。それに対してぼくは、この鳥の再興《さいこう》へと至《いた》る〝新しい物語〟をつむいでゆきたいと思った。42年間をかけて、ようやくその物語を書き終えることができた。

鳥島集団の将来

鳥島のオキノタユウ集団は、過去40年間にわたって、ほぼ一定の率で着実に成長し、繁殖つがい数が1000組になった。しかも、最近は成長が加速している。動物集団では、個体数の生息密度《みつど》が上がるにつれて増加を抑《おさ》える効果がはたらき、

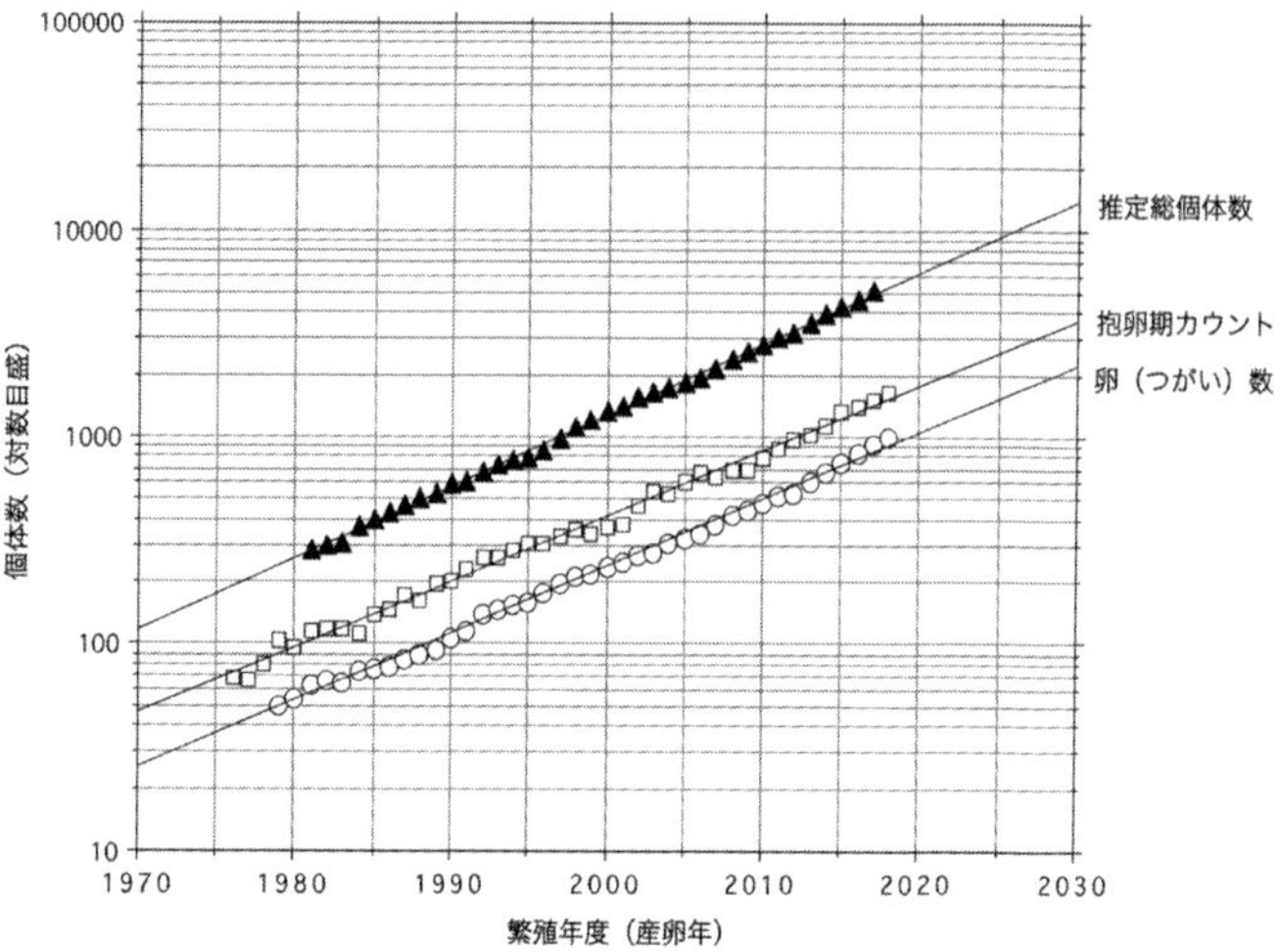

図14　鳥島集団の成長。縦軸を10の乗数の目盛（対数目盛り）にすると、もし増加率が一定の場合、観察された値は直線に乗る。卵数（＝繁殖つがい数、○）、抱卵期のカウント数（□）、推定された総個体数（▲）は、どれも直線によく乗り、傾きもほぼ同じである。この図にもとづいて、鳥島集団の近い将来をおおまかに予想することができる。

成長率が下がる。もし、鳥島の収容《しゅうよう》限度がつがい数で１万組なら、すでにその10％になっているので、理論からすると成長率が少し下がるはずである。しかし、現在の鳥島集団でそうした効果がまったく現れていない（**図14**）。このことは、鳥島集団のつがい数の上限《じょうげん》が１万組を超えることを示し、数万組になる可能性がある。現在、鳥島集団は回復過程《かてい》のごく初期の段階《だんかい》にあり、おそらく今後およそ20年間は、現在の成長率が保たれるだろう。

したがって、２０１８年の８年後、２０２６年５月には総個体数が１万羽になり、11月に繁殖つがい数が２０００組になると予測される。たった８年間で個体数が５０００羽、つがい数が１０００組もふえることになる。これまでの70年近い年月をかけて、ようやくこの数字になったことを考えると、まさに〝夢〟のようだ。ぼくは、鳥島集団が完全に回復軌道に乗ったと確信した。

これまでに得られた集団統計《とうけい》資料にもとづいて鳥島のオキノタユウ集団の将来《しょうらい》を予測すると、つぎのようになる。

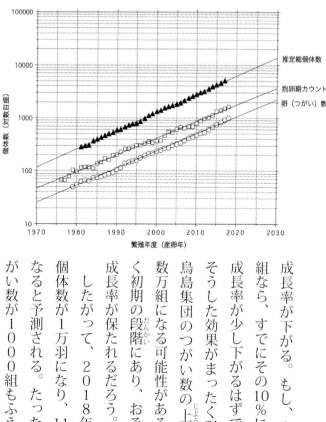

（1）２０１８年の5年後の２０２３年に、繁殖つがい数が１５００組を超え、その年度からは毎年１０００羽以上のひなが巣立つ。

（2）毎年１０００羽以上のひなが巣立つと、そのうちの何羽かは小笠原諸島聟島列島に自発的に移りすみ、小笠原諸島集団の成長をうながす。

（3）２０２６年、鳥島集団の総個体数が1万羽に、繁殖つがい数が２０００組になる。

（4）２０３５年ころ、総個体数が2万羽になる。

（5）２０４０年ころ、繁殖つがい数が５０００組になる。

（6）２０５０年、鳥島での再発見から１００年後、鳥島集団の総個体数が数万羽になる。

（7）２０７０年、繁殖地である鳥島の陸上環境や採食《さいしょく》場所である海洋環境が変化しなければ、50年後に鳥島集団の繁殖つがい数は2万組、総個体数は約10万羽になる。

ぼくは、２０２６年に鳥島集団が1万羽になったときの鳥島の風景を船の上からこの目で見たい。そのときは、ぼくが保護研究にふみ出してからちょうど50年目で、再発見からは75年目にあたる。その夢をぜひ実現させたい。

第3章　尖閣諸島《せんかくしょとう》とハワイ諸島

尖閣諸島でも乱獲

19世紀《せいき》まで、東シナ海にある尖閣諸島や台湾海峡《たいわんかいきょう》の澎湖《ポンフー》列島、台湾北東沖の彭佳嶼《ほうかしょ》、棉花嶼《めんかしょ》などの小島でも、オキノタユウが大集団《だいしゅうだん》をなして繁殖《はんしょく》していた。

１８８５年10月、石澤兵吾《いしざわひょうご》は無人島の尖閣諸島を調査《ちょうさ》し、魚釣島《うおつりじま》で数万羽《ば》のオキノタユウが営巣《えいそう》していることを確認《かくにん》した。また、古賀辰四郎《こがたつしろう》の命を受けて、１８９１年と１８９３年に伊澤弥喜太《いざわやきた》が尖閣諸島を探検《たんけん》し、オキノタユウや貝類などの海産物を採集《さいしゅう》した。古賀はこれらの調査結果から、無人島開拓《かいたく》が有望であると考え、尖閣諸島の開拓を計画した。しかし、尖閣諸島の帰属《きぞく》が決まっていなかったため、日本政府《せいふ》は開拓の許可《きょか》を見送っていたが、１８９５年4月に日清講和条約《こうわじょうやく》が調印されると、１８９６年9月、政府は古賀にこれらの島じまの開拓許可を与《あた》えた。

古賀は１８９７年から魚釣島に、98年から久場島《くばしま》に人びとを送りこみ、集落をつくって、オキノタユウの羽毛採取《うもうさいしゅ》やアジサシ類の剥製《はくせい》の製作《せいさく》、鳥油《ちょうゆ》の採取、鰹節《かつおぶし》の製造、ボタンの材料となる貝類の採集などの事業を始めた。これによって、オキノタユウは毎年15〜16万羽も捕獲《ほかく》され、その個体数《こたいすう》は急速にへった。無人島開拓の主軸《しゅじく》であるオキノタユウの羽毛採取事業が成り立たなくなることを気にかけた古賀は、動物研究者を派遣《はけん》して生息状況《じょうきょう》を調査させた。１９００年5月10日に久場島を調査した宮島《みやしま》幹《かん》之助《のすけ》は、20〜30羽の小群をあちこちで見ただけであった。同じ年の5月12〜13日に、魚釣島を調査した黒岩《くろいわ》恒《ひさし》は、島内でひなをかなり多く観察し、成鳥3羽を生《い》け捕《ど》りにした。

このあとも１９０６年まで捕獲がつづき、１８９７年から11年間に約１０５万羽が捕獲された。こうしてオキノタユウの個体《こたい》数が激減《げきげん》したため、古賀は１９０４年から開拓事業をアジサシ類の剥製製作に切りかえ、１９０７年までに約95万羽のセグロアジサシやオオアジサシを捕獲した。１９０７年に恒藤《つねとう》規隆《のりたか》が鳥糞《ちょうふん》・燐鉱《りんこう》の調査のため尖閣諸島を探険《たんけん》したときには、オキノタユウは久場島の４カ所、魚釣島の２カ所でほそぼそと繁殖し、南小島と北小島には少数が生息するだけだった。

それから約20年後の１９３９年5月下旬《げじゅん》から6月上旬《じょうじゅん》、農林省農事試験場の資源《しげん》調査《ちょうさ》隊《たい》14名は魚釣島や南小島、北小島、久場島に上陸して調査したが、オキノタユウを1羽も見つけることができなかった。この調査隊に、４島を所有していた古賀商店の常務《じょうむ》で、貝類収集《しゅうしゅう》を趣味《しゅみ》にしていた多田《ただ》武一《ぶいち》さんも参加した。

ぼくは、１９８１年4月8日に、山口県萩市《はぎし》の沖にある見島《みしま》に多田さんを訪《たず》ね、当時の調査について聞くことができた。多田さんは、農林省の調査に道案内役として加わった。このとき、多田さんはクロアシオキノタユウに左手の根元をかまれて傷《きず》を負ったと、笑いながら語った。

尖閣諸島で採取された羽毛は、まず石垣島《いしがきじま》にあった古賀商店の支店《してん》に運ばれ、そのあと那覇《なは》の本店に集められ、そのまま荷造《にづく》りされて、古賀辰四郎の兄が経営《けいえい》していた大阪《おおさか》の古賀商店に運ばれた。そこで羽毛はきれいに洗《あら》われ、汚《よご》れやごみが取りのぞかれ、神戸の貿易《ぼうえき》業者に渡《わた》されて、さらに海外に輸出《ゆしゅつ》された。

コラム　多田武一さん（当時82歳《さい》、1981年4月、山口県見島で著者撮影）

「昭和14年の尖閣諸島訪問」

小生、昭和二年三月沖縄に渡り、那覇市《なはし》の古賀商店に勤務《きんむ》して居《お》りましたが、昭和十九年十月十日、那覇市の大空襲《だいくうしゅう》で全滅《ぜんめつ》しましたので、店も解散《かいさん》して、社長の義兄《ぎけい》古賀善次夫婦《ぜんじふうふ》は長野県に転居《てんきょ》しましたが、小生一家は焼け残りの家を借りて那覇市に住んで居りました。二十年三月、軍の命令で国頭村《くにがみそん》に移《うつ》りましたが、七月より以前より関係のあったハンセン病療養所《りょうようしょ》の国立国頭愛楽園の事務長《じむちょう》として二十二年十二月まで勤務し、昭和二十三年八月、生れ故郷《こきょう》の見島に帰り、今日に至《いた》って居ります。

尖閣列島には昭和十四年六月、農林省の燐鉱資源調査がありましたが、小生一行の案内役として参り、数日各島に滞在《たいざい》したのがはじめてで、其後《そのご》行けずに居ります。その節、以前よりの知人、八重山《やえやま》気象台《きしょうだい》勤務の正木任《まさきつとむ》氏を小生が誘《さそ》って一行に加わって貰《もら》ったのであります。

尖閣列島は小生妻《しょうせいつま》の叔父《おじ》古賀辰四郎が明治十七年尖閣列島を探険して、そこに多数のバカドリ（アホウドリ）が居り、その鳥毛に目をつけ外国への輸出のため大々的に事業をはじめたようであります。

小生妻の実家は大阪にありましたが、店の倉庫にはバカドリの羽毛がいつも沢山《たくさん》あったとのことです。古賀辰四郎が最後まで手放さなかったのは尖閣列島にバカドリが居ったからで、十四年小生が行った時もその鳥を確認したいためでありましたが、その頃《ころ》はあまり居《い》ませんでした。他の鳥（アジサシ類）は無数に居り、鉄砲《てっぽう》を撃《う》てば鳥が集まってくるという位でした（1981年2月21日付けの著者《ちょしゃ》への手紙から抜粋《ばっすい》）。

戦後、琉球《りゅうきゅう》大学農学部の高良鉄夫《たからてつお》教授《きょうじゅ》らは、1950年3月末から4月上旬と1952年3月末～4月末に、アメリカ軍の試射爆場《ししゃばくじょう》となっていた久場島をのぞく3島に上陸して、生物相の学術《がくじゅつ》調査を行なった。しかし、オキノタユウを観察することはできなかった。さらに、1963年5月半ばにもこれらの島じまを調査したが、やはりその姿《すがた》を確認できなかった。そのため、オキノタユウは尖閣諸島から絶滅《ぜつめつ》したと考えられていた。

その後も1970年11月下旬から12月半ばに、九州大学・長崎大学探検部《たんけんぶ》の尖閣列島合同学術調査隊が上陸して調査したが、オキノタユウの生存《せいぞん》は確認されなかった。

再発見《さいはっけん》

伊豆《いず》諸島鳥島でオキノタユウの生存が再発見されてから20年後、1971年4月1日に、琉球大学尖閣列島学術調査団《ちょうさだん》の池原貞雄《いけはらさだお》教授は、南小島の南に面した断崖絶壁《だんがいぜっぺき》の中段《ちゅうだん》にある狭《せま》い岩棚《いわだな》で、12羽のオキノタユウを観察した。池原さんは再発見のときのようすをつぎのように書きとめた。

「1971年3月31日夕刻《ゆうこく》、南小島中央部の断崖《だんがい》の下で鳥の声を録音する集音マイクに、仔牛《こうし》の鳴き声のような声が入ってきた。アホウドリの声に酷似《こくじ》しているが、鳥影《とりかげ》は発見できなかった。明《あ》くる日の4月1日、声の聞こえてきた方向を注意深く双眼鏡《そうがんきょう》で探索《たんさく》した。高さ148メートルの断崖の7合目高さ約100メートルの岩棚に6羽の本種がいるのが確認された。さらに断崖を調査したところ、断崖の南端《なんたん》にも6羽いることが認《みと》められた。いずれも地形険峻《けんしゅん》で接近《せっきん》して撮影《さつえい》することはできなかった。今回の調査によって、南小島にアホウドリの12羽が生息していることが確認されたことは大きな成果であるといえよう」池原貞雄・下謝名松栄《しもじゃなまつえい》「尖閣列島の陸生動物」琉球大学尖閣列島学術調査団編《へん》『尖閣列島学術調査報告《ほうこく》』85―128頁《ページ》、琉球大学、1971年

同じ日に調査団の新納義馬《にいろよしま》教授は北小島で植物を調査し、島にいた鳥類も写真に撮《と》った。その中に、3～4歳くらいと推測《すいそく》される2羽の若《わか》いオキノタユウが写っていた。

こうして、約60年ぶりに尖閣諸島でオキノタユウが再発見された。このとき、南小島と北小島に少なくとも14羽が生存し、2羽の若鳥《わかどり》も観察されたことから、1960年代後半にはすでに少数が繁殖していたと考えられる。しかし、そのときひなは確認されなかった。

尖閣諸島のオキノタユウは約半世紀《はんせいき》もの長いあいだ、まったく繁殖することなく海で過《す》ごし、1960年代からようやく繁殖を始めたのかも知れない。この鳥が非常《ひじょう》に長生きだったからこそ、この集団《しゅうだん》が存続《そんぞく》したにちがいない。

そのあと、池原さんたちは1979年3月中旬《ちゅうじゅん》に魚釣島の学術調査を行なったが、オキノタユウは観察されなかった。そのとき、船から南小島に上陸できなかったので、池原さんは3月20日にヘリコプターで上空から南小島を調査し、成鳥13羽と若鳥3羽、合計16羽を観察した。しかし、ひなの姿《すがた》は発見されなかった。翌《よく》1980年2月末から3月初めに、池原さんたちは残る久場島の調査を行なったが、オキノタユウは観察されなかった。久場島から帰ってすぐ、3月3日にヘリコプターで南小島を観察し、成鳥28羽、若鳥7羽、合計35羽を確認したが、またもひなの姿を確認することができなかった。さらに、5月2日にもヘリコプターで南小島を再調査《さいちょうさ》したが、19羽の成鳥・若鳥を観察したが、ひなを発見することはできなかった。このとき、ぼくもこの調査に同行することができ、いっしょに双眼鏡で狭い岩棚を観察した（写真）。池原さんは、機内で興奮《こうふん》しながらオキノタユウを観察し、再発見のときのことや3月初旬《しょじゅん》の観察について熱く話してくれた。

1988年4月中旬、ぼくは朝日新聞社の小型《こがた》ジェット機から南小島を観察する機会を得《え》て、狭い岩棚で数羽《すうわ》のひなを発見した。そのときに撮影された写真をくわしく分析《ぶんせき》して、少なくとも7羽のひながいることを確認した。こうして、再発見から17年後に、ついにオキノタユウの繁殖が確認された。

さらにぼくは、1991年3月末にフジテレビの取材チームといっしょに南小島に上陸して、10羽のひなと18羽の成鳥を観察し、翌年《よくねん》の1992年4月末には朝日新聞社の取材チームと上陸して、ひな11羽と成鳥1羽を観察した。

このように、若い鳥が1970年代から何回も観察され、繁殖は確実《かくじつ》だとされながらも、最終的に

池原教授と（1980年５月、蕗谷龍生撮影）。

池原貞雄教授（1980年５月、石垣島で著者撮影）。

ひなが確認されるまでに長い年月を要したのは、オキノタユウが人間をよせつけない、垂直《すいちょく》に近い高い断崖の中段《ちゅうだん》にある狭い岩棚で営巣していたためである。

そのため、下から調査するときは断崖から１００メートル近く離《はな》れた場所からフィールドスコープで観察する必要があった。その場合でも、ひなが大きな石や岩の陰《かげ》に隠《かく》れてしまって、長く観察しているあいだにたまたまひなが首を持ち上げて頭が見えたり、ガジュマルの木の陰にいるひながちらっと姿を現《あらわ》したりして、ようやく確認されたものがいた。

また、断崖の上から見下ろす場合には、途中《とちゅう》の岩にさえぎられて営巣地全体を見渡《みわた》すことができず、岩棚に生えているガジュマルの木が一部のひなを隠してしまった。ひなの数が少なかったときには、発見はとくにむずかしかったと思われる。

どうして、南小島の１４０メートルを超《こ》す高い断崖絶壁《ぜっぺき》の中段にある、狭く長い、岩がころがっているような岩棚で、オキノタユウが営巣するようになったのであろうか。このような場所は、オキノタユウにとって離陸《りりく》には適《てき》しているが、着陸にはまったく適していない。高速でなければ飛行できず、体が大きくて小まわりもできないから、風がおだやかでなければ、着陸するときに絶壁や岩に激突《げきとつ》する可能性《かのうせい》がある。じっさい、岩棚の上だけでなく、その直下の地面で、事故死《じこし》によると推測される白骨《はっこつ》死体がいくつか見つかった。

それでも、こうした〝異常《いじょう》な場所〟を営巣地に選んだのは、鳥たちが人間をおそれて、〝絶対《ぜったい》に安全な場所〟を探《さが》したためだろう。1960年代まで、尖閣諸島には台湾から漁民が頻繁《ひんぱん》に訪《おとず》れて、海鳥類の卵《たまご》をとっていた。そのやり方は、まず海鳥の巣にある卵をすべて取りのぞいて、鳥たちが補《ほ》充《じゅうらん》卵を産んだころを見計らって、1週間から10日くらいあとに再《ふたた》び上陸して、新鮮《しんせん》な卵を持ち帰るのだという。それらの卵は食材になったようだ。

1991年3月末に南小島に上陸して崖上から営巣地を観察したとき、頂上部《ちょうじょうぶ》の斜面《しゃめん》に人間が歩いたと思われるふみ跡《あと》が細い小径《こみち》のようになってつづいていた。多くの人が何年にもわたって、卵を採《と》りつづけたにちがいなかった。

それまでの調査結果から、ぼくは南小島の繁殖集団が少しずつ着実に増加《ぞうか》していると判断《はんだん》した。しかし、このあと中国との領土《りょうど》問題が再燃《さいねん》し、尖閣諸島への上陸は困難《こんなん》になってしまった。

個《こ》体数がふえ、営巣分布域《ぶんぷいき》が広がる

それから10年後の2001年は、伊豆諸島鳥島でのオキノタユウの再発見から50周年の節目《ふしめ》で、尖閣諸島での再発見から30周年にあたった。ちょうど領土問題が下火になっていたので、オキノタユウの繁殖状況がくわしく調査された。

2001年3月上旬、朝日新聞社のヘリコプターで上空から久場島や魚釣島、南・北小島を観察し、南小島に着陸して調査した。久場島と魚釣島ではオキノタユウの姿を見つけることはできなかった。南小島では、断崖中段の狭い岩棚に少なくとも12羽、頂上部のなだらかな斜面に12羽、合計24羽のひなを観察した。ひなの数は、1992年から9年間で2倍以上に増《ふ》え、営巣区域《くいき》は南小島の頂上部に広がっていた。

ひな以外に、従来《じゅうらい》営巣地で成鳥33羽、若鳥8羽、合わせて41羽、頂上部の新営巣地で成鳥17羽、若鳥19羽、合わせて36羽を観察した。さらに南小島からフィールドスコープで、北小島の南側の中《ちゅう》腹《ふく》にある平らな場所にすわっている2羽の成鳥を確認した。この観察から、ぼくは北小島でもオキノタユウが営巣している可能性《かのうせい》が非常に高いと判断した。

次の繁殖期《はんしょくき》の2001年12月下旬、沖縄テレビ放送のディレクター、水島邦夫《くにお》さんはヘリコプターで尖閣諸島を取材・撮影した。このとき、水島さんは南小島の岩棚の従来営巣地や頂上部の新営巣地だけでなく、北小島の平らな場所も撮影した。撮影された映像《えいぞう》をくわしく分析《ぶんせき》した結果、南小島の従来営巣地で少なくとも27羽、新営巣地で20〜30羽、さらに北小島の平らな場所で卵を抱《だ》いている1羽の成鳥が確認された。北小島でオキノタユウの営巣が確認されたのはおよそ100年ぶりだった。

2002年2月下旬に、ぼくは沖縄テレビ放送の取材に同行し、南・北小島を調査した。北小島では、無事、1羽のひなが生まれていて、南小島では従来営巣地に16羽、新営巣地に16羽、合計33羽のひなが育っていた。このとき、南小島の従来営巣地で成鳥32羽、若鳥7羽、合わせて39羽、新営巣地で成鳥15羽、若鳥20羽、合わせて35羽、南小島上空を飛翔《ひしょう》中の個体を3羽、北小島で若鳥を4羽、合計81羽を観察した。

２００１年、２００2年とも、南小島の従来営巣地では成鳥の占《し》める割合《わりあい》が約80％で、新営巣地では成鳥の割合が約45％と低かった。伊豆諸島鳥島での観察によると、オキノタユウは体全体が白くなるまでに約10年かかる。１９９０年代の前半に従来営巣地から巣立ったひなが若鳥に成長して、１９９０年代の後半から出生地に帰り始めた。その結果、狭い岩棚のある従来営巣地が混雑《こんざつ》したため、若鳥たちは人間がいなくなった頂上部の広い斜面に移ったのだろう。１９７１年の再発見以来、尖閣諸島のオキノタユウ集団は着実に成長し、それにともなって営巣区域を南小島の断崖中段の岩棚からその頂上部のなだらかな斜面へ、さらに北小島の平らな場所へと広げた。

繁殖期のちがい

２００2年5月上旬に、ぼくは沖縄テレビ放送の取材に再び同行して、尖閣諸島のオキノタユウを調査した。北小島で約１００年ぶりに確認された１羽のひなは、綿毛《わたげ》をわずかに残すほどに成長し、海に飛び立つ直前だった。

南小島では、従来営巣地にひなが2羽、新営巣地にひなが1羽残っていた。この新営巣地のひなは、ぼくたちが30メートルくらいまで近づいたとき、北東からの強い風を受けて飛び立ち、高く舞《ま》い上《あ》がった。その後、ゆっくり羽ばたいて飛行をつづけ、北小島から東に3～4キロメートル先の海に着水した。

また、南小島では隆起《りゅうき》リーフの海岸近くに3羽が集まっていて、風に向かって羽ばたき、飛行の練習をしていた。これらは断崖中段の岩棚から飛び立った個体だろうと思われた。さらに北小島と南小島の間の狭い海域《かいいき》に2羽が浮《う》いていて、ときどき風上に向かって羽ばたきながら水面をけって走り、100～200メートルの距離《きょり》を飛んで着水することをくり返し、飛行の練習をしていた。こうして、2月末に観察した33羽のひなのうち9羽を観察することができた。新営巣地ではひなの死体が見つからなかったから、残りの24羽はすでに海に出たと考えられた。5月上旬に巣立ったひなの大部分がすでに繁殖《はんしょく》地《ち》から離れていたことは、尖閣諸島では巣立ちの時期が鳥島より半月ほど早いことを示《しめ》す。

1992年に南小島に上陸して調査したときには、4月末に巣立ち間近なひな11羽と成鳥1羽を観察し、1980年にNHKの取材に同行して空中から観察したときには、5月初旬に成鳥・若鳥19羽を観察した。また、100年ほど前、まだ多数のオキノタユウが繁殖していたころ、久場島や魚釣島では5月10日過ぎにオキノタユウの数はかなり少なくなっていた。したがって、尖閣諸島では巣立ち時期は4月下旬から5月上旬だと推測される。

尖閣諸島集団の現在《げんざい》

その後、日本政府は2004年に尖閣諸島への上陸を禁止《きんし》し、2012年9月に魚釣島、北小島、南小島の3島を国有化して一切《いっさい》の立ち入りを禁止した。そのため、上陸することはもちろん、ヘリコプターやドローンを利用して上空から調査することもできなくなってしまった。しかし、逆《ぎゃく》に鳥たちは、人間による妨害《ぼうがい》をまったく受けずに繁殖することができ、尖閣諸島集団は従来の成長率《せいちょうりつ》で着実に個体数を回復《かいふく》していると推測される。

南小島断崖の狭い岩棚にある従来営巣地にくらべて、南小島頂上部のなだらかな斜面にある新営巣地や北小島南側の中腹の平らな場所は広く、オキノタユウの営巣に適している。また、今では鳥たちの繁殖を制限《せいげん》する環境要因《かんきょうよういん》はほとんどない。１９８８年から２００２年までのひなの数にもとづいて計算すると、尖閣諸島集団の成長率は毎年10・７％となり、そのあとも同程度《どうていど》で成長しているとすれば、２０１９年の巣立ちひな数はごくおおまかに１５０〜２００羽と推定《すいてい》される。そして、繁殖つがい数は２００〜２５０組、総個体数《そうこたいすう》はだいたい１０００羽くらいになっているだろう。

最近、足環標識《あしわひょうしき》をつけていない個体が、伊豆諸島鳥島や小笠原諸島《おがさわらしょとう》聟島《むこじま》列島で何羽《なんわ》も観察されている。また、繁殖地から遠くはなれた海上で、足環のない個体が観察された例もある。鳥島で生まれたほとんどすべてのひなに足環標識がつけられたので（１９７７年から２０１８年までに合計７１９０羽）、足環のない個体は尖閣諸島から巣立った個体だと推測される。そうした個体が各地で観察されることは、尖閣諸島集団が着実に成長していることの間接的証拠《かんせつてきしょうこ》となる。

二つの繁殖集団の遺伝学《いでんがく》的関係

ぼくは、２０００年４月までの24年間に、鳥島で１４００羽のひなに足環標識をつけた。もし、尖閣諸島で足環をつけている個体が確認されれば、その個体は鳥島から尖閣諸島へ移ったことになる。このことを調査するため、尖閣諸島に上陸した２００１年3月と２００２年2月に、双眼鏡やフィールドスコープを用いて足環をつけた個体の発見に努力した。

南小島の断崖の岩棚にいる個体は、遠すぎて足環の有無《うむ》を観察することはできなかったが、頂上部の斜面にいる個体は近くから観察が可能であった。２年間で50羽以上を観察したが、足環をつけている個体は1羽も発見されず、鳥島集団から尖閣諸島集団への個体の移動《いどう》は確認されなかった。

一方、鳥島では、複数《ふくすう》の若い足環のない個体の繁殖活動が観察された。金属《きんぞく》の足環が脱落《だつらく》することは考えにくいので、それらは尖閣諸島生まれの個体で、鳥島集団に移ったのだろうと推測された。また、数十羽の小集団《しょうしゅうだん》から回復した鳥島集団は遺伝的多様性《いでんてきたようせい》が低く、近親婚《きんしんこん》によって繁殖や生存の能力《のうりょく》が下がっているかもしれないと心配された。

これらの仮説《かせつ》を検証《けんしょう》するため、弘前《ひろさき》大学農学生命科学部の黒尾正樹《くろおまさき》教授らによって鳥島集団の遺伝学的解析《かいせき》が行なわれた。ぼくは、１９９２年4月に鳥島の従来営巣地でひなに足環標識をつけたとき、52羽のひなのうち41羽から羽毛を2本ずつ採取した。また、１９９１年3月と１９９２年4月に尖閣諸島の南小島に上陸したとき、２羽の死体から羽毛や骨《ほね》を採集した。また、２００２年に北小島のひなから羽毛を採取した。それらからミトコンドリアのＤＮＡがとりだされ、Ｄループと呼《よ》ばれる領域《りょういき》の塩基《えんき》配列が決定された。

解析の結果、鳥島集団から27の遺伝学的型《がた》（ハプロタイプ）が確認され、それらははっきりと二つのグループ（クレード）に分けられた。そのうちの小さいグループに含《ふく》まれる三つの遺伝学的型は尖閣諸島の個体のものと近かった。こうして、尖閣諸島集団から鳥島集団への個体の移動が証明《しょうめい》された。しかし、両集団の個体がおたがいにつがいになって繁殖しているかどうかは、この分析では分からない。

また、鳥島集団の遺伝学的型が多く、遺伝学的多様性がじゅうぶんに保《たも》たれていて、近親婚のくり返しによる悪い影響《えいきょう》を心配しなくてもよいことが分かった。このことは、絶滅したと信じられていた1940年代に、二桁《けた》くらいの数のオキノタユウが人間を避《さ》けて広大な太平洋で過ごし、1950年代以降《いこう》、少しずつ鳥島にもどってきて繁殖を開始したという考えを否定《ひてい》しない。

北西ハワイ諸島

北西ハワイ諸島のミッドウェー環礁《かんしょう》では、オキノタユウが絶滅の危機《きき》に瀕《ひん》していた1938年の秋に1羽が姿を現したが、翌年に死亡《しぼう》した。また、1940年の秋に訪れた1羽は、そのあと姿を消した。この島ではコオキノタユウやクロアシオキノタユウが大集結して繁殖している。おそらく、それらの近い仲間の存在《そんざい》に誘いよせられて、オキノタユウが訪れたにちがいない。

1964年5月に鳥島から巣立った1羽のオキノタユウは、1974年の春から毎年、ミッドウェー環礁を訪れていたが、つがい相手を見つけることなく、1983年の繁殖期に20歳で死んだ。また、1979年3月にぼくが初めてプラスチック製の色足環をつけた個体は、1984年から1994年まで環礁を訪れたが、つがい相手を見つけることはなかった。さらに、1982年に鳥島から巣立った1羽の雌《めす》は、1989年から訪れ、1993年から2001年にかけて数回、未受精卵《みじゅせいらん》を産み、2003年に22歳で死亡した。

ミッドウェー環礁で初めて繁殖

2000年5月初旬、ぼくはハワイのホノルルで開催《かいさい》された第2回国際《こくさい》オキノタユウ・ミズナギドリ類会議に参加した。そのとき、ミッドウェー環礁国立野生生物保護区《ほごく》の管理官が、伊豆諸島鳥島で生まれた12歳（足環番号青057）、13歳（赤051）、18歳（黄015）の3羽のオキノタユウがミッドウェー環礁の別べつの場所に住みついている、と知らせてくれた。じっさい、ぼくはそれらの3羽の鳥を、鳥島で観察したことはなかった。

オキノタユウは2000年8月にアメリカ合衆国《がっしゅうこく》の絶滅危惧種《きぐしゅ》に指定されることになったので、管理官はこれら3羽の繁殖をうながしたいと希望した。それに対してぼくは、鳥島で行なっているデコイと音声による社会的誘引《ゆういん》を行なえば、別べつの場所にいる個体に見合いをさせ、つがいの形成を促進《そくしん》できるだろうと提案《ていあん》した。このときはまだ鳥島で北西側斜面に新営巣地は確立《かくりつ》していなかったし、小笠原諸島への再導入《さいどうにゅう》計画も検討《けんとう》されてはいなかった。

いくつかの団体《だんたい》と協力して、2000年9月下旬に、鳥島で「デコイ作戦」に用いていたデコイ16体とぼくが録音した音声をミッドウェー環礁野生生物保護区に送った。それらのデコイと音声装置《そうち》は、環礁の二つの島のうち、人間の立ち入りが少ない、小さい方のイースタン島に設置《せっち》された。その年の繁殖期には、5羽が訪れたが、残念ながら見合いは成功しなかった。それからも、毎年、デコイと音声装置はイースタン島の同じ場所に設置された。

その結果、２００８年春ころ、鳥島生まれの5歳の個体が誘いこまれ、デコイのそばに定着していた21歳になっていた個体と求愛行動をするようになった。そして、２００８年の秋からの繁殖期にそれらの2羽がつがいになった。ぼくは、２００９年2月下旬に函館《はこだて》で開催された太平洋海鳥グループの研究集会のときに、そのつがいの写真を記念にゆずり受けた。さらに２００９年の繁殖期には、つがいは巣づくりをした。そして２０１０年11月半ば、雄24歳、雌8歳のつがいがついに産卵《さんらん》し、交代で卵を温め、２０１１年1月14日、嵐《あらし》の中でひなが誕生《たんじょう》した。

このひなは、2月11日に通過《つうか》した低気圧《ていきあつ》による大波で巣から25メートルも流され、さらに、日本時間3月11日に東北地方の太平洋岸沖で起こった巨大地震《きょだいじしん》によって発生した大津波《おおつなみ》がミッドウェー環礁に押《お》しよせ、現地《げんち》時間10日の深夜、高さ約1・5メートルの津波《つなみ》となって、ひなを押《お》し流《なが》した。その後、巣から約35メートルの地点で生き残っているところを発見され、再度《さいど》、もとの巣の場所にもどされた。

この津波や1月と2月の嵐で、コオキノタユウとクロアシオキノタユウのひなが合わせて11万羽余《あま》り、そのシーズン巣立つはずだったひなの約22%が犠牲《ぎせい》になった。そのことを考えると、このオキノタユウのひなはきわめて幸運だったといえる。

ひなはたび重なる危機を乗りこえて、6月上旬に巣立ち、17日、海に向けて飛び立っていった。これは日本列島以外で初めてのオキノタユウの繁殖記録になった。この最初のつがいは、次の繁殖期には産卵しなかったが、2012年11月9日に産卵し、翌年6月10日にひなが巣立った。さらに、つぎの繁殖期にも産卵し、2014年1月9日に3羽目のひなが誕生し、6月に巣立った。しかし、その年12月13日に、このつがいの雄だろうと思われる新鮮な死体が発見され、最初のつがいは消滅《しょうめつ》してしまった。

そのあと、2002年に鳥島で生まれ、2006年から毎年、大きい方のサンド島を訪れていたひとりぼっちの雄と、2007年に鳥島で生まれ、2012年からサンド島に姿を現した雌が2016年からいっしょに過ごすようになった。このつがいは2017年の秋に産卵せず、なんと近くにあったクロアシオキノタユウの巣と卵を乗っとって、そのひなを育てた。しかし、つぎの繁殖期の2018年10月下旬に産卵して、2019年1月3日にひなが誕生し、両親に保育《ほいく》されて、無事、巣立った。これは北西ハワイ諸島で2組目の繁殖つがいとなった。このつがいは2020年の秋にも産卵し、ひなが誕生した。

ミッドウェー環礁の西北西89キロメートルにあるクレ環礁では、2010年の秋に、鳥島生まれの18歳と11歳の雌どうしがつがいになり、一つの巣に2卵を産み、それらを抱卵《ほうらん》した。その後、1個の卵は巣の外に出された。これらは無精卵《むせいらん》なので、ひなは誕生しなかった。そのあとも、この雌どうしのつがいが無精卵を産みつづけている。もちろん、ひなは生まれない。もし将来《しょうらい》、雄個体がここを訪れれば、雌どうしのつがいの雌と交尾《こうび》して、受精が行なわれ、ひなが誕生するかもしれないし、新たに雄雌のつがいができる可能性もある。オキノタユウの配偶《はいぐう》システムは基本的《きほんてき》には生涯一夫一妻《しょうがいいっぷいっさい》だが、ごく小さな集団で性比《せいひ》にかたよりがあるときには、臨機応変《りんきおうへん》に対応《たいおう》できるようだ。

北西ハワイ諸島のミッドウェー環礁は北緯《ほくい》28度12分、クレ環礁は北緯28度25分に位置する。緯度《いど》からみれば、小笠原諸島聟島の北緯27度41分、伊豆諸島鳥島の北緯30度29分のあいだにあるので、気候条件《じょうけん》に大きなちがいはない。ただ、それらの島じまには、近縁種《きんえんしゅ》のコオキノタユウやクロアシオキノタユウがものすごい数で繁殖しているので、食物をめぐる競争が激《はげ》しくなるはずだ。

アメリカ魚類野生生物局の調査によると、北西ハワイ諸島では２０１１年秋からの繁殖期に、ミッドウェー環礁のイースタン島でつがいの2羽、サンド島で5羽、クレ環礁で3羽、レイサン島で1羽、フレンチフリゲート瀬《せ》のターン島で1羽のオキノタユウが観察された。足環標識による確認ができなかったので、正確《せいかく》な個体数はわからないが、およそ10羽が訪れたことはまちがいない。鳥島から巣立つひなの個体数がふえているので、今後、これらの島じまを訪れる若鳥の数がふえ、それらの中から新しいつがいができ、繁殖を始めるにちがいない。

鳥島集団の総個体数は１９９９年に１０００羽を超え、21世紀になってからも着実にふえてきた。それにともなって、オキノタユウは北西ハワイ諸島に繁殖分布域を広げた。ぼくは、個体数が少ないにもかかわらず果敢《かかん》に分布域を広げようとする、この鳥の〝生命力〟に驚《おどろ》かざるを得ない。

第2部　オキノタユウという鳥

第4章　大海原《おおうなばら》に生きる

海の女王

陸地から遠くはなれた沖合の海は外洋域《いき》と呼《よ》ばれる。そこに広がる大海原は、海と空が果てしなくつづく世界で、決まった目印はなにもない。波は動きを止めず、眼《め》の前の景色はたえず変化する。強い太陽の日射《ひざ》しを避《さ》ける木陰《こかげ》もなければ、夜、強い雨や風から身を守る避難《ひなん》場所もない。そんな過酷《かこく》な環境《かんきょう》で、海鳥たちは生きぬいている。

外洋域をすみかとする海鳥類のうち、もっとも優《すぐ》れた飛翔《ひしょう》力をもつグループがオキノタユウ類である。かれらはグライダーのような細長い翼《つばさ》を伸《の》ばして海上を吹《ふ》く風に乗り、ほとんど羽《は》ばたくことなく、快速《かいそく》電車ほどの高速で飛行する。この飛行術《じゅつ》はダイナミックソアリングと呼ばれ、向かい風を受けてゆっくりと高度を上げ、約20メートルに達してさらに上昇《じょうしょう》できなくなると風下側に向きを変え、追い風を受けて加速しながら降下《こうか》する。そして海面に近づくと方向転換《てんかん》して向かい風を受け、再《ふた》び上昇する。このサイクルをくり返して、エネルギーをあまり使わずに飛びつづけることができる。

また、かなりの強風の中でも前に進むことができる。そのときは翼を半開にして先端《せんたん》を少し下げ、風から受ける抵抗《ていこう》を最小限《さいしょうげん》にして、波との摩擦《まさつ》で風速が弱まる海面の方向に降下しながら、すうーっと前に進む。そして、海面に近づいたところで翼の開きぐあいを調節して、風に乗って上昇しながらゆっくりと前に進む。これをくり返して、荒《あ》れる海を前につき進む。

鳥自身は翼を微妙《びみょう》に動かして方向転換をしたり、波による気流の乱《みだ》れを察知して、少し羽ばたいて姿勢《しせい》を整えたりするだけで、エネルギーの出費《しゅっぴ》を最小限にして、風から多くのエネルギーを得《え》る。つまり、風が吹いているかぎり、どこまでも飛行することができ、1日に数百キロから1千キロの距《きょ》離《り》をたやすく移動《いどう》することができる。まさに、マラソンをする鳥である。

陸上で、広いなわばりをもち、大空を悠然《ゆうぜん》と飛翔し、食物連鎖《れんさ》の頂点《ちょうてん》に君臨《くんりん》するイヌワシが〝陸の王者〟なら、広大な大海原を優雅《ゆうが》に飛翔し、難《なん》なく長距離《ちょうきょり》の移動をこなすオキノタユウは、〝海の女王〟といえよう。

19世紀《せいき》の海洋分布域《ぶんぷいき》

19世紀末まで、毎年10月になると、オキノタユウは北太平洋の西部に点在《てんざい》する無人島に集まり、大《だい》集団《しゅうだん》をつくって繁殖《はんしょく》を始めた。おもな繁殖地《はんしょくち》は伊豆諸島《いずしょとう》鳥島や小笠原諸島《おがさわらしょとう》の聟島《むこじま》列島・西之島《にしのしま》、大東《だいとう》諸島、尖閣《せんかく》諸島、台湾《たいわん》周辺の小島などであった。繁殖期《はんしょくき》の鳥たちは、伊豆・小笠原諸島の近海や本州の太平洋岸沖、また台湾海峡《かいきょう》から東シナ海、黄海《こうかい》、南西諸島近海、さらに対馬《つしま》海峡を越《こ》えて日本海に入って採食《さいしょく》した。なかにはニシンの大群を求めて、北海道の沿岸海域《えんがんかいいき》にくるものもいた。

「徳川時代にはニシン時にはアホウドリが多く集まって来て、ニシンを食《く》い過《す》ぎて飛び立つことも出来ずにいるところを犬が泳いで行って捕《つか》まえることもあり、人も撲殺《ぼくさつ》した。しかし、肉は臭気《しゅうき》があって食用にたえず、脂肪《しぼう》は燈火《とうか》に用《もち》いた（『東海参譚《とうかいさんたん》』文化三年・１８０６年）犬飼哲夫《いぬかいてつお》「北海道の鳥類保護《ほご》史《し》」『野鳥』第25巻《かん》2号80－82頁《ページ》、１９６０年

１８８０年代に製作《せいさく》された仮剥製《かりはくせい》標本の中には、繁殖期に北海道の函館《はこだて》や小樽《おたる》で採集《さいしゅう》されたものもある。当時、おそらく尖閣諸島から採食にきていたのだろう。

繁殖を終えた5月には、日本列島から千島列島、カムチャツカ半島に沿《そ》って北上し、北部北太平洋からオホーツク海、ベーリング海、アラスカ湾に渡《わた》って6月から9月までを過《す》ごした。若《わか》い鳥はさら

に北アメリカの太平洋岸沖からカリフォルニア半島沖まで南下した。また、少数ながら、ベーリング海峡を越えて北極海の入口にあたるチュコート海を訪《おとず》れるものもいた（１５９頁地図参照）。

夏、高緯度《こういど》地方では日が長くなり、北極圏《ほっきょくけん》には太陽が沈《しず》まない白夜《びゃくや》が訪れる。流氷の去った海では、太陽の光を浴びて植物プランクトンが爆発的《ばくはつてき》に繁殖し、それらを食べる動物プランクトンが大繁栄《だいはんえい》し、さらにそれらを食べてイカ類や魚類が豊富《ほうふ》になる。とくに、ベーリング海やアリューシャン列島近海は海洋生物の宝庫《ほうこ》となる。

それらの豊富な食物資源《しげん》を求めて、海鳥類や海生哺乳類《ほにゅうるい》が集まってくる。オキノタユウもこれらの海域で夏を過ごし、羽毛《うもう》を生えかわらせ、たくさん食べて体に栄養を蓄《たくわ》え、秋の渡りとその後の繁殖に備《そな》える。

せまくなった海洋分布域

しかし、羽毛をとるために人間に乱獲《らんかく》され、オキノタユウは急速に個体数《こたいすう》を減《へ》らし、１９４０年代には絶滅《ぜつめつ》の瀬戸際《せとぎわ》に追いやられた。それにともなって、この鳥の海洋分布域は急にせまくなった。

繁殖地から見ると北太平洋の対岸にあたるカリフォルニア半島の沖では、１９００年以前にはいつも見られたが、20世紀に入ると見られなくなった。それより北にあるアメリカのカリフォルニア州沖では、19世紀の末までふつうに見られていたが、１８９８年から１９０４年ころにはときおり見られただけになり、それ以降《いこう》はほとんど見られなくなった。さらに北のオレゴン州やワシントン州、カナダのブリティッシュ・コロンビア州の沖の海域でも、１８９６年まではいつも見られ、１８９７年から１９０７年ころにはときおり見られたが、それ以降は見られなくなった。それから１９４０年まで、北アメリカの西海岸の沖の海からオキノタユウの姿《すがた》はほとんど見られず、わずかに１９４６年2月にサンフランシスコの沖１３０キロメートルの海上で1羽の成鳥が観察されただけである。

ベーリング海やアリューシャン列島の近海、アラスカ湾などのアラスカ海域では、19世紀までオキノタユウは夏にふつうに見られる海鳥であった。ベーリング海では、北の端《はし》のベーリング海峡から東側のブリストル湾まで、大陸棚《たいりくだな》の浅い海域に広く分布していた。南部のアリューシャン列島近海でも、かつて沿岸域《えんがんいき》にも数多く生息していたと考えられる。なぜなら、列島にあったアリュート人の集落の遺跡《いせき》からオキノタユウの骨《ほね》が数多く見つかったからである。それらはえさを求めて海岸に近づいたとき、カヤックに乗った猟師《りょうし》によって捕まえられたのだろう。

また、アラスカ湾でもアラスカ半島の南にある島じまの近海や、アンカレッジにつながるクック湾の入口付近の浅い海域にとくに数多く見られた。しかしこの海域でも、20世紀の初めにはごく少数のオキノタユウが観察されたが、１９２０年代以降はほとんど見られなくなり、ただ1例、１９４７年11月にアラスカ湾で1羽の若い個体《こたい》が観察された記録がある。１９７５年から１９８２年にかけてアラスカ沖の海洋で行なわれた大規模《だいきぼ》な調査《ちょうさ》でも、わずか1羽しか観察されなかった。

ぼくは、１９８７年9月に、アメリカ魚類野生生物局の調査補給船《ほきゅうせん》「ティグラフ」（Tiĝlax̂ ハクトウワシの意味）に乗せてもらって、アリューシャン列島ウナラスカ島のダッチハーバーからコディアク島をへて、クック湾入口のホーマーまでアラスカ半島南岸の浅い海域を航海《こうかい》し、船上からオキノタユウを探《さが》した。ここは、かつて数多くのオキノタユウが生息していた海域だったが、残念ながら出会えなかった。ただ、ぼくが乗船する前日に、ウナラスカ島の西にある海峡で、この船から1羽の若いオキノタユウが目撃《もくげき》されたと、教えてもらった。１９８０年代から、アラスカ海域での観察例が少しずつ報告《ほうこく》されるようになっていた。

ふえた観察例、もどってきた海洋分布域

１９５1年1月、伊豆諸島鳥島で少数の生存《せいぞん》が再発見《さいはっけん》され、そののち、オキノタユウはようやく保護されるようになり、少しずつ着実に個体数をふやしていった。この個体数の増加《ぞうか》にともなって、オキノタユウの海洋分布域も少しずつ回復《かいふく》してきた。

北アメリカの太平洋岸にあるブリティッシュ・コロンビア州では１９５８年からまれに観察されるようになり、その南にあるワシントン州では１９９３年に初めて観察され、１９９４年以降は毎年、観察されるようになった。

日本列島の近海では、鳥島近海をのぞけば、１９６３年12月に東北太平洋岸の沖で1羽の若鳥《わかどり》が観察され、１９６６年2月に東北沖で成鳥1羽、１９７６年4月に東北沖で成鳥1羽と若鳥1羽が観察された。１９７８年8月には東北の男鹿《おが》半島沖の陸前江島《りくぜんえのしま》で成鳥の死体1羽が発見された。このころ、沖合の海で海鳥類の観察をする人はごく少なく、明らかに情報《じょうほう》不足であった。そのため、ぼくは1

976年に保護研究に着手してから、4月末から5月初めの連休や12月下旬《げじゅん》の冬休みを利用して、東京から釧路《くしろ》までのフェリーにたびたび乗船して、往路《おうろ》も復路《ふくろ》も1日中、海鳥類を観察した。また、鳥島調査のときも、東京から八丈島《はちじょうじま》の間を定期船で往復《おうふく》し、前方甲板《かんぱん》に立ちつづけて海鳥類を観察した。しかし、1羽のオキノタユウも観察することができなかった。

ぼくが初めて出会ったのは1980年2月23日で、東京大学海洋研究所（当時）の調査船《ちょうさせん》「淡青丸《たんせいまる》」の研究航海中、三宅島《みやけじま》の南西沖で1羽の若鳥を観察することができた。また、望月《もちづき》英夫さんは、1981年4月6日に伊豆大島南沖の大室出《おおむろだ》しと呼ばれる海域で1羽の若鳥を観察した。1980年代初頭まで、オキノタユウの総個体数《そうこたいすう》は300羽未満だったので、広い海上で出会う確率《かくりつ》はいちじるしく低かったはずである。一生懸命《いっしょうけんめい》に探しても見つかるようなことはなく、何度も観察をしつづけて、まったく偶然《ぐうぜん》に遭遇《そうぐう》するだけだった。そのあと、個体数がふえるにともなって少しずつ目撃例《もくげきれい》がふえていった。

宇山大樹《うやまだいき》さんは1969年から1999年まで、東京～釧路間の航路《こうろ》で鳥類観察を行ない、とくに1997年から1999年までの間は四季を通じて頻繁《ひんぱん》に調査した。オキノタユウの繁殖期にあたる秋から春までのあいだに調査が行なわれたのは、1972年、1973年、1991年、1994～1999年で、オキノタユウが確認《かくにん》されたのは1995年が初めてだった。1997年からは毎年、1往復のあいだに平均《へいきん》して約1羽が観察された。

1990年代後半になると、8月にオホーツク海でしばしば観察されるようになり、アラスカ海域では底はえなわ漁の釣り針《つりばり》をオキノタユウがあやまってのみこんでしまい、水中に引きこまれておぼれ死ぬ事故が多くなった（後述159頁）。さらに2000年代になると、鳥島集団《しゅうだん》の個体数が1000羽を超《こ》えた結果、伊豆諸島北部海域や房総《ぼうそう》半島から東北地方の沖で観察される例がふえた。また、2005年の7、8月にはオホーツク海で成鳥や若鳥が見られた。ただ、このころはたいていの場合、オキノタユウは1羽ずつで観察され、同時に複数《ふくすう》の個体が観察されることはまれだった。

しかし2010年代に入って、鳥島集団の個体数が3000羽を超えると、伊豆諸島海域や房総半島沖、東北地方の太平洋岸沖、さらにオホーツク海で、オキノタユウが小さな群れで観察されるようになった。伊豆大島近海で船上から海鳥類の観察を続けてきた望月英夫さんは、2013年5月初めにぼくのところに届《とど》いた手紙でつぎのようにのべた。

「この10年間で、大島近海では1月から5月にかけて、アホウドリがしばしば観察されるようになりました。鳥島での保護計画が実って個体数がふえた結果、『アホウドリは大島近海ではふつうの海鳥になりつつある』と言ってもよいのではないかと思います」

つい最近の2020年1月に、望月さんは伊豆大島南端《なんたん》の波浮港《はぶみなと》の少し北東にある岩礁《がんしょう》海岸の沖で、荒れている海に集まっている海鳥類を見つけた。よく見ると、その中に200羽を超すコオキノタユウとかなりの数のオキノタユウがいた。そのときに撮影《さつえい》された写真をくわしく見ると、成鳥5羽、

伊豆大島南端の東岸沖のオキノタユウとコオキノタユウの群れ
（2020年１月26日、望月英夫撮影）。

若鳥13羽、少なくとも18羽のオキノタユウが確認された（**写真**）。このような群れを見て、望月さんは「まるで鳥島のようだ」と表現《ひょうげん》し、鳥島から離《はな》れた海域で一度に20羽近い鳥が観察されるようになったことに驚《おどろ》いた。将来《しょうらい》、鳥島集団の個体数がふえるにしたがって、伊豆諸島海域や相模灘《さがみなだ》、房総半島の沖、鹿島灘《かしまなだ》、東北地方の太平洋岸沖で、こうした光景が見られるようになるにちがいない。

さらに驚くことに、２０１２年８月にベーリング海峡を越えたチュコート海で、１羽の若いオキノタユウが観察された。この海域で確認されたのは１９３９年９月以来で、じつに約70年ぶりであった。

第5章　オキノタユウの生活

その一年

繁殖地《はんしょくち》にもどる

秋になり、日が短くなると、陸の鳥は越冬《えっとう》するために日本列島に渡《わた》ってくる。それとは逆《ぎゃく》に、海鳥のオキノタユウは繁殖《はんしょく》のために伊豆諸島《いずしょとう》鳥島に帰ってくる。島の周囲《しゅうい》をのぞいて、海上では高さ約20メートルまでしか上がれないこの鳥が、北太平洋に浮《う》かぶこの小さな島をどのようにして見つけるのか、人間はまだだれも知らない。第一陣《じん》は、10月5日前後に鳥島の沖の海に姿《すがた》を現《あらわ》す。最初にもどってくるのは雄《おす》の成鳥で、営巣《えいそう》地の沖の海で小さな群れをつくって浮《う》きながら、波に乗って泳ぐ。そのうち、水面をけってつぎつぎに飛び立ち、島の周囲や斜面《しゃめん》を吹《ふ》く風を利用して旋回《せんかい》飛行をしながら高度を上げ、営巣地の上空に飛んでくる。そして、水平に∞（無限大《むげんだい》）の字を描《えが》くように何回か旋回飛行したあと、営巣地に着陸する。

着陸した雄の成鳥は、巣づくり場所の確保《かくほ》のためになわばりを張《は》る。つぎつぎに雄が着陸するため、

仲睦まじいつがい（2005年４月撮影）。

営巣地のあちこちでなわばり争いが起こり、あたりは大さわぎになる。しかし、数日もすればそれぞれのなわばりが定まり、さわぎは収《おさ》まる。そのころになると、雌《めす》の成鳥が鳥島に帰ってきて、営巣地に降《お》りる。そして、つがい相手のいるなわばりに近づく。

オキノタユウの配偶《はいぐう》システムは生涯《しょうがい》一夫《いっぷ》一妻《いっさい》で、かれらはいったんつがいになると相手が死ぬまでつがいの関係を保《たも》つ（写真）。なわばりは営巣地内のほぼ同じ場所にでき、巣の位置も毎年ほとんど変わらない。広い海でそれぞれ別べつに過《す》ごしていたつがいの雄と雌は、約4カ月後に同じ場所で再会《さいかい》を果たす。そして、声を上げてあいさつを交《か》わし、求愛行動をしておたがいに喜《よろこ》びあう。

再会したつがいは寄《よ》りそってすわり、雌は巣づくりを始める。みずかきのある足で地面の砂《すな》を引っかいて浅いくぼみをつくり、周囲にある枯《か》れ草《くさ》や土をくちばしでくわえて巣の縁《ふち》におき、その先端部《せんたんぶ》の側面で土をたたいて固める。

交尾《こうび》と産卵《さんらん》

雄は雌のそばを離《はな》れず、近づいてくる他の雄を追いはらう。そして、10月中旬《ちゅうじゅん》に交尾をする。寄りそってすわっている雄と雌が頭を左右に小さく振《ふ》ったり、小声で鳴きあったりしたあと、雄は雌の背中《せなか》に乗る（**写真**）。そして、雄は低い声を発しながら尾部《びぶ》を左右に動かし、首を前方にのばして水平姿勢《しせい》をとっている雌の尾部に押《お》しつける。そのとき、雌も尾羽《おばね》がじゃまにならないように、横にそらす。斜面に巣がある場合、雌の上に乗っている雄は翼《つばさ》を開いて先端《せんたん》を地面につけ、体を安定させる。交尾が終わると雄は立ち上がり、雄は背中から落とされる。1日に何回も交尾をし、受精《じゅせい》を確実《かくじつ》にする。そのあと、雌は巣を離れて海に出て、卵《たまご》をつくる。残った雄はなわばりを防衛《ぼうえい》して巣を守り、雌の帰りを待つ。

1週間から10日後、10月下旬《げじゅん》に雌が巣に帰ってきて、巣のくぼみにすわり、産卵《さんらん》の準備《じゅんび》をする。その雌を寄りそっている雄が見守る。産卵が近づくと、雌は巣の中でときどき立ち上がって、くちばしを半開きにしてあえいだり、パクパクと音をたてたりする。また、目を細め頭部の羽毛《うもう》を逆立《さかだ》てたり、首をゆっくりと左右に曲げたりして、苦しそうな表情《ひょうじょう》を見せる。そばにいる雄は、雌に対して小さな鳴き声を発し、くちばしの先で雌の頭部や首に触《ふ》れ、羽《は》づくろいをする。ちょうど、〝陣痛《じんつう》〟を経験《けいけん》している相手を気づかい、励《はげ》ますかのようだ。

数回の〝陣痛〟のあと、ついに産卵のときがくる。雌は巣の中で中腰《ちゅうごし》の姿勢になり、苦しそうな表情を浮かべながら尾羽を脚《あし》の方向に下げ、体を少し立てるようにしながら大きく息をして、ただ1

交尾（1988年10月撮影）。

産卵直後のつがい（1988年10月撮影）。

個《こ》の卵を巣のくぼみに産みおとす。卵は長円形ないし卵形で、その色はニワトリの卵とほぼ同じで、白い。産んだばかりの卵はつやつやと光る（**写真**）。卵殻《らんかく》の一部に血液《けつえき》がついていることもある。

すぐ、雌は巣の中をのぞきこんで卵を確認《かくにん》する。そして、くちばしでそっと触《さわ》る。そばにいる雄は、それを見て小さな鳴き声を発し、雌の腹《ふく》部《ぶ》の下に頭を入れて卵を見る。産卵したあと、雌は巣にとどまって卵を抱《だ》き、雄はいつもそばにいて、雌を守る。１、２日後、雌は巣から出て海に飛び立ち、かわって雄が卵を抱き、温める。卵を抱いているあいだ、雄はときどき巣を補強《ほきょう》する。産卵期間は12月初旬《しょじゅん》までつづく。

放棄《ほうき》された卵の大きさを測定《そくてい》した結果、長径は平均《へいきん》11・79センチメートル（11・05～12・47センチメートル）、短径は平均７・34センチメートル（６・98～７・94センチメートル）で、重さは約３４８・３グラム（３１０～３７５グラム）であった。産みおとされた直後の卵は、これよりやや重いはずだ。

長い抱卵《ほうらん》期間とふ化

雄は、雨の日も風の日も暑い日も、飲まず食わずに卵を抱きつづけ、

ふ化したばかりのひな
（1988年12月撮影）。

抱卵の交代（1987年11月撮影）。

ひたすら雌の帰りを待つ。海に出た雌はえさを食べて体力を回復《かいふく》し、10日くらいあとに巣にもどって雄と抱卵をかわる。雄は繁殖地に帰ってきてからなわばりを守り、ずっと卵を抱きつづけ、1カ月間あまり何も食べずに過ごし、ようやく海に出ることができる。この絶食《ぜっしょく》期間に、雄は夏にアラスカ海域《かいいき》で蓄《たくわ》えた脂肪《しぼう》を利用する。

抱卵期間は64～65日で、そのあいだに5、6回、入れかわる（**写真**）。雄雌は1回に続けて約10日間、絶食して卵を抱き、相手の帰りを待つ。もし途中《とちゅう》で巣を離れて抱卵を止めれば、卵は死んでしまい、繁殖に成功しない。オキノタユウのつがいの強いむすびつきは、繁殖を成功に導《みちび》くためになくてはならないのだろう。

また、この2カ月あまりにおよぶ抱卵期間に、台風や発達した低気圧《ていきあつ》が近づいたり、冬の季節風が張《は》り出《だ》したりすると、強風や突風《とっぷう》が起きて親鳥が吹《ふ》き飛《と》ばされそうになり、斜面にある巣から卵が転がりでてしまう。長い抱卵期間は、オキノタユウの繁殖にとってもっとも危険《きけん》な時期である。

12月下旬、ちょうどクリスマスのころ、その繁殖期《はんしょくき》の最初のひなが誕生《たんじょう》する。その数日前、卵の殻《から》にひびが入って小さな孔《あな》が開き、中か

ふ化から約１カ月後のひな（1989年２月撮影）。

ふ化から約３カ月後のひな（1997年３月撮影）。

らひなの小さな鳴き声が聞こえるようになる。その鳴き声に引きつけられて、両親は巣から離れず、いっしょにひなの誕生に立ちあう。卵の殻が割《わ》れてふ化が始まると、親鳥は殻のかけらをくちばしで取りのぞき、誕生をうながす。

生まれたばかりのひなは淡黒色《たんこくしょく》の綿毛《わたげ》に包まれている（**写真**）。大きさはハトくらいである。親鳥は綿毛についた卵の破片《はへん》や小さなごみを取りのぞき、羽づくろいをしてやり、ひなを清潔《せいけつ》に保つ。そのあと、腹部《ふくぶ》の羽毛の中に包《つつ》みこんで、ひなを温める。２月初めまで、ふ化期間は１カ月間あまり続く。

ひなの保育《ほいく》

生まれて間もないひなは弱よわしく、目が見えず、首もすわらない。もちろん歩くこともできない。巣にいる親鳥が立ち上がったとき、ひなは頭を持ち上げ、口を開けて、えさをもらおうとする。親鳥は片方《かたほう》の翼を下げて、胴体《どうたい》と翼の折れまがった部分でひなの頭をそっとささえ、くちば

えさをねだるひな（2016年３月撮影）。

しをそえながら、えさを受け取りやすい位置に導く。そして、下を向いて大きく開いた口の中にひながくちばしを差《さ》し込《こ》んで口を開けると、親鳥は液状《えきじょう》のえさを吐《は》きもどして、ひなの口の中に流しこむ。ひなは頭を上げるようにして、そのえさを飲みこむ。何回かに分けてえさをもらったひなは、また親鳥の腹部の羽毛に包まれて過ごす。

ひなは両親のどちらかに抱かれてぬくぬくと過ごす。一方がひなを抱いているときには、もう一方が海に出てえさを集める。約1カ月間後、成長したひなは体温調節ができるようになり、より多くのえさを欲《ほ》しがるようになる（**写真**）。そうすると、ひなを営巣地に残して両親ともに海に出て、ひなのためのえさを集めるようになる。

3月から4月になると、ひなの体重は5～7キログラムになり、ひなが要求する食物の量はさらにふえる。ひなのおうせいな食欲《しょくよく》を満たすため、親鳥はよいえさ場を求めて鳥島から数百から1千キロメートル離れた海までえさ集めに出かける。親鳥は、前と後の2部に分かれた胃《い》のうち、

ひなにえさを与える親鳥（2018年３月撮影）。

前の方の前胃《ぜんい》にえさをため、その周囲の胃腺《いせん》から消化液《しょうかえき》を分泌《ぶんぴつ》する。親鳥は、こうして半分消化されたえさを持ち帰り、ひなに与《あた》える。

巣に帰った親鳥は上を向いて大きな声で鳴くと、ひなはそれに反応《はんのう》して高い声で鳴きながら親鳥に近づく。そして、低い姿勢をとって、くちばしの先を小刻《こきざ》みに動かしながら、親鳥のくちばしの根元のあたりを何度もさわる。すると、親鳥は頭を下げ、グッグッという音を出しながら、首を曲げて胸《むね》を縮《ち》め、前胃にためたえさを食道に吐きもどし、下を向いたまま口を大きく開ける。すかさず、ひなはくちばしを親鳥のくちばしのあいだに横から差しこんで、下くちばしに当てる。すると、親鳥は半分消化された液状《えきじょう》のえさをのどの孔《あな》から噴《ふ》きだして、ひなの下くちばしに注ぎこむ（**写真**）。それをひなが受けとって、頭を持ち上げながら飲みこむ。ひとしきりすると、ひなは再《ふたた》び親鳥にえさをねだり、親鳥はそれに応《おう》じて何回かに分けてひなにえさを与える。

そのあとまもなく、親鳥はひなのえさを集めるために、海に出て行く。そのため、ひなの両親が出会うことはほとんどない。それぞれ別べつにえさ取りに出かけて、ひなのところに帰って、与える。ひなも前胃にえさをためて、少しずつ胃の後の方の砂嚢《さのう》に送る。そのため、多量のえさを受けとったひなの腹部ははち切れそうにふくれ、サッカーボールほどの大きさになる。親鳥は遠くまで出かけて、数日間をかけてえさを集めて営巣地に帰ってくる。そのため、ひながえさにありつけるのは3〜4日に1回である。

4月下旬、ぼくは大きく成長したひなに個体識別《こたいしきべつ》のために足環《あしわ》標識《ひょうしき》をつけた。そのとき、大きな黒い布《ぬの》の袋《ふくろ》をかぶせて、ひなを落ちつかせる。しかし、袋を持って近づくと、一部のひなは驚《おどろ》いて前胃の内容物《ないようぶつ》を吐きだしてしまう。その吐出《としゅつ》物をもとに、ひなの食物の組成を推測《すいそく》すると、もっとも多いのはイカ類で、つづいて魚類や甲殻類《こうかくるい》である。オキノタユウは深く潜《もぐ》ることができないので、それらのえさ動物が水面近くに浮きあがったとき、頑丈《がんじょう》なくちばしでくわえ取るにちがいない。また、釣《つ》り針《ばり》やテグスも見つかるから、漁師《りょうし》が釣りのがした魚の新鮮《しんせん》な死体をも食べているのだろう。燕《つばめ》崎《ざき》の沖にダイオウイカの死体の一部が流れてきたとき、オキノタユウはその周りに群れて、頭を水中につっこんで、くちばしでくわえて引っぱり、肉を食いちぎっていた。

オキノタユウは、大陸棚《たいりくだな》の縁や列島のあいだの海峡《かいきょう》やその近海で主に採食《さいしょく》する。表面から見れば海は広くて平らだが、水面下の海底地形は複雑《ふくざつ》である。大陸棚の縁には浸食《しんしょく》によってできた海底谷があり、列島の外側には地殻《ちかく》変動によって形成された海底崖《かいていがい》や海底峡谷《きょうこく》、海盆《かいぼん》があり、周辺には火山活動によってできた海山や海丘《かいきゅう》もある。陸上と同じように、水面下に峰《みね》や尾根《おね》、谷、丘《おか》や盆地《ぼんち》がある。そのような場所では、海流や潮流《ちょうりゅう》によって海の深い部分から植物の栄養となる塩類を豊富《ほうふ》に含《ふく》む海水がわきあがる。また、大陸と列島にはさまれた縁海《えんかい》では冷えた水が沈《しず》んで、海水の循環《じゅんかん》が起こる。すると、栄養塩類と太陽光を利用して植物プランクトンが大繁殖し、つづいてそれらを食べて動物プランクトンがふえ、さらにそれらを食べるイカ類や魚類、甲殻《こうかく》類などが集まり、食物連鎖《れんさ》をつうじて豊《ゆた》かな海洋動物群集ができる。オキノタユウはそれらの中型《ちゅうがた》動物を食物としている。伊豆・小笠原諸島《おがさわらしょとう》周辺の海域《かいいき》や本州の太平洋沿岸《えんがん》海域は、人間にとって好漁場であるばかりでなく、オキノタユウにとってもよい採食場所になっている。

巣立ち

4月半ばを過ぎると、ひなの羽毛がのびて、その先端についていた綿毛が外《はず》れ、風で飛ばされる。ひなは黒褐色《こつかっしょく》の羽毛に包まれたりりしい姿に変身する。4月の末、ひなは風に向かって立ち、翼を広げてゆっくりと振り、羽ばたきの練習を始める（**写真**）。そのうち、速く羽ばたくようになり、ときどき地面をけって跳《と》び上《あ》がる。また、風に向かって歩きながら羽ばたく。

5月上旬《じょうじゅん》になると、親鳥はひなにえさを与えなくなり、ひなは羽ばたきの練習をかさねて、体重を落とす。そのうち、羽ばたきの練習をしているとき、ひなの体がしばらく空中に浮くようになる。しかし、前には進まず、もとの場所に着地する。このころ、親鳥はひなを残して渡りの旅にたつ。5

羽ばたき練習をするひな（2013年５月撮影）。

月中旬になると、鳥島には梅雨《ばいう》前線がかかるようになる。南からの風を感じると、営巣地のあちこちでひなは立ち上がり、風に向かってさかんに羽ばたき、飛びはねる。風が止《や》むと、うずくまって眠《ねむ》る。雨の日もうずくまってじっと耐《た》え、雨が止むと立ち上がり、大きく羽ばたいて羽毛のあいだにたまった雨水を振りはらう。

そして、ついに海に飛び立つときがくる。ひなは風に向かって立ち、羽ばたきと飛びはねをくり返す。そして、それまでとちがって頭を前につき出し、強く羽ばたいて風に乗ると、ひなの体は宙《ちゅう》に浮き、前へ進み始める。ひなは翼をのばして風を受け、ときどきゆっくりと羽ばたきながら、初飛行をして、数キロメートル先の海に着水する。ひなはやっと鳥になった。

しかし、初飛行がいつもうまくゆくとはかぎらない。飛び立った瞬間《しゅんかん》に、風が乱《みだ》れて失速し、１、２メートルの高さから地面に落ちることもある。また、４、５メートルの高さに上がったにもかかわらず、乱気流《らんきりゅう》にまきこまれて、驚いたひなは翼をすぼめてしまい、急降下《きゅうこうか》して地面に激突《げきとつ》してはね返って一回転したこともある。それでもひなは大丈夫《だいじょうぶ》だった。

初飛行に成功して沖の海に着水したひなは、島の周囲の海にとどまり、海から飛び立つ練習をする。風に向かって、水面をけって走りながら羽ばたき、空中に浮き、数十メートル飛行して着水する。これを何回もくり返し、飛行距離《きょり》をのばしてゆく。そして、数日後、島からしだいに離れ、ひとりで渡りの旅に出る。

渡りの旅

ひなが海への初飛行をする1週間から10日くらい前、成鳥や繁殖年齢《ねんれい》前の若鳥《わかどり》は北太平洋の北部やアラスカ海域に向けて、渡りの旅に出発する。鳥たちは集団《しゅうだん》ではなく単独《たんどく》で、伊豆諸島にそって北上し、房総《ぼうそう》半島の東の沖から東北地方の太平洋岸沖に進む。さらに北海道の太平洋岸沖から進路《しんろ》を北東にとり、千島列島ぞいに進み、カムチャツカ半島の沖を通って、目的地のベーリング海やアリューシャン列島近海、アラスカ湾《わん》にたどりつく。途中でえさを食べて栄養を補給《ほきゅう》しながら、およそ1カ月間、最短でも5000〜6000キロメートルの旅をする。

平面の地図帳で見ると、この渡りの経路《けいろ》は長いと思うかもしれないが、立体の地球儀《ちきゅうぎ》で見れば、これが最短経路に近いことがわかる。渡りのときも、つがいの雌雄《しゆう》は別べつに行動する。広い海で風を利用して高速で飛行するとき、鳴き声でコミュニケーションを取ることはそもそも不可能《ふかのう》なのだ。

海に出た幼鳥《ようちょう》も、独力《どくりょく》で長い渡りの旅をつづけなければならない。えさ取りの訓練を十分にしていないので、途中で栄養補給ができないかもしれない。きっと、ひなのときの蓄積《ちくせき》した脂肪を消費《しょうひ》しながら、海上を吹く風を利用して飛び、北の海を目指すのだろう。幼鳥は飛翔《ひしょう》力が弱いので、強い風に運ばれて、渡りのコースを外れることもあるだろう。それでも、だんだんと日が長くなる北方の海を目指せば、目的地にたどりつくことができる。北の海は驚《おどろ》くほど豊かで、渡りの旅を終えた幼鳥は短期間で体力をとりもどす。

その一生

ベーリング海やアリューシャン列島の近海、アラスカ湾にたどりついた幼鳥は、夏の間、えさを求めて広い範囲《はんい》を移動《いどう》しながら、大陸棚の縁にある海底谷《かいていこく》のあたりや列島のあいだの海峡など、食物の豊富な場所をだんだんと学習してゆくのだろう。なかには、北アメリカ西海岸の沖を南下する寒流のカリフォルニア海流にそって、オレゴンやカリフォルニアの沖まで移動する鳥もいる。

高緯度《こういど》地方の秋は早く訪《おとず》れる。9月になると、鳥たちは繁殖地に向かって渡りの旅に出る。成鳥は島に早くもどって繁殖の準備《じゅんび》にとりかかり、若鳥はやや遅《おく》れて島に到着《とうちゃく》する。その年に巣立った幼鳥は、島に着陸することはなく、繁殖地の周辺の海域を広範囲《こうはんい》に移動して過ごす。おそらく、あちこちを動きまわりながら、えさを取りやすい場所の位置を少しずつ学習するのだろう。

生まれた島に帰る

産卵から2年後、つまり2歳《さい》になると、ごく少数の個体が島に降りるようになり、営巣地ですわって過ごし、ときどき求愛行動をする。3歳になると、生存《せいぞん》個体の約半分が島に着陸して、さかんに求愛行動をするようになる。4歳の個体は約9割《わり》が営巣地を訪れ、雄はなわばりを確保しようとしてほかの雄と争い、近づいてくる雌に対してさかんに求愛し、つがい相手を見つけようとする。単独でいるとき、オキノタユウの雄と雌は外見からはほとんど区別できない。しかし、交尾や求愛行動のときにつがいの2羽がならんでいると、雄と雌のちがいが見え、雄の方がわずかに大きい。また、雄の頭部やくちばしはがっしりしている。

雄は、近づいてきた雌に対して首をのばしながら低い声を出す。それに対して雌は雄に向かって首をのばし、くちばしどうしを触《ふ》れさせる。2羽は向かいあって立ち、低い声で鳴きながら首を大きく左右に振ったり、ちょうど旗を振るようにくちばしを左右にすばやく振ったり、またフェンシングのようにくちばしを交互《こうご》に触れさせたり、翼を半開にした姿勢でやや下を向きながらカスタネットのように上下のくちばしを打って、やや高いカタカタという音や、低いカポカポという音を連続的に発したりする。そうかと思えば、急にくちばしを上空に向けて突《つ》きあげ、爪先《つまさき》で立ちながら金切り声のような鋭《するど》い鳴き声を出すと、相手もくちばしを上空に向かって突きあげる（**口絵写真参照**）。さらに、一方が片方の翼の手首の部分を胸に押しあて、そこにくちばしの先を押しこんでカタカタと小さな音を発すると、正面に立っている相手はおじぎをするような低い姿勢から急に立ちあがり、くちばしの先で相手の胸の羽毛に触れる。それを何回かすばやくくり返す。このとき、動きが激《はげ》しいので、近くで見ているると息を吸《す》ったり吐《は》いたりするときのシューッ、シューッという息づかいが聞こえる。たくさんの鳥が密集《みっしゅう》して求愛行動をする営巣地は非常《ひじょう》ににぎやかだ。

こうした決まった動作のディスプレーをくり返しながら、つがい形成が進んでゆく。ただ、若《わか》い鳥は未熟《みじゅく》なため、ときどきくちばしどうしが激《はげ》しくあたってしまうことがある。そのとき、あてられた方は大きな声を上げて相手にかみつき、追いはらう。また、2羽が求愛ダンスをしているところに、別の雌が近づいて、おどっている鳥の尾や翼の羽根の先を引っぱって、ダンスを妨害《ぼうがい》することもある。ときには求愛ダンスをしている2羽のあいだに後や横からむりやり割《わ》りこむことがある。それに雄が反応すると、ダンスをしていた雌は割りこんだ雌を追いだそうと急いで近づく。入りこんだ雌は雄からは離れないようにしながら、近づく雌から逃《に》げる。その結果、雄の周囲を2羽の雌がぐるぐる回ることになる。また、雄が雌のあとを追うと、3羽が円を描きながらぐるぐる回る。見ていると、こんな笑うようなことも起こる。

そして、一部の雄はつがい相手を見つけ、〝婚約《こんやく》〟する。つがい相手が決まった2羽は営巣なわばりの中で寄りそってすわり、おたがいに羽づくろいをしたり、求愛ダンスをしたりして、1日の大部分の時間を過ごし、つがいのきずなを強める。産卵から巣立ちまで8カ月近くかかるので、2羽はつがいになっても繁殖期の途中から繁殖活動を始めることができない。つぎの繁殖期に早く島に帰り、いっしょに子育てすることを約束する。

繁殖開始

婚約したつがいは5歳で産卵し、ひなを保育する。これがもっとも若い繁殖年齢で、5歳の個体の10％くらいである。そのほかの5歳の個体の大部分は島にもどり、営巣地でさかんに求愛活動をする。6歳以上の鳥はほぼすべての個体が繁殖地の島に帰り、保育をしていない個体は営巣地で大半の時間を過ごし、つがい相手を求める。

年齢とともに繁殖に参加する個体の割合《わりあい》がふえ、6歳でだいたい25％、7歳で約50％、8歳では約70％、9歳からは約80％と推測される。平均の繁殖開始年齢は約7歳である。オキノタユウの配偶システムは生涯一夫一妻で、つがいは相手が死亡《しぼう》するまでそいとげる。繁殖を始めたあとは、毎年繁殖する。

しかし、一方が死亡すると求愛行動をくり返してつがいの相手を見つけなければならず、〝再婚《さいこん》〟までに時間がかかる。繁殖期の初めにつがい相手が帰ってこず、死亡したことがわかれば、その繁殖期に運よくつがい相手を見つけて婚約し、つぎの繁殖期に産卵・保育することができるかもしれない。もし、つがい形成ができなかった場合には、そのつぎの繁殖期に持ちこしとなる。また、繁殖期の途中で相手が死亡した場合には、その繁殖期につがい相手を見つけることはほぼ困難《こんなん》で、つぎやそのつぎの繁殖期に期待しなければならない。つがいの信頼《しんらい》関係を深め、婚約状態《じょうたい》に至《いた》るためには、求愛ダンスをくり返して、おたがいの協調性《きょうちょうせい》を確《たし》かめなければならないからである。おそらく、再婚には2年くらいかかるだろう。

また、非繁殖期《ひはんしょくき》に体力を回復できずに、繁殖を休む個体もいるはずである。そのため、繁殖年齢になった個体がすべて、毎年繁殖するわけではなく、再婚活動中だったり、休止中だったりして、およそ20％は繁殖しないと推測される。

年齢にともなう体色の変化

オキノタユウの体色は、全体に黒褐色から白色へと成長にともなって変化する（**口絵写真参照**）。プラスチックの色足環をつけた個体を追跡観《ついせき》察した結果、だいたいつぎのようにまとめられる。巣立った幼鳥は全身黒褐色で、くちばしだけあざやかな桃色《ももいろ》あるいは淡紅色《たんこうしょく》である。2歳でも全身黒褐色で、目の下のまわりだけ白っぽくなる。3歳になると、ほぼ全身黒褐色だが、顔や胸のあたりが少し淡《あわ》い色になる。4歳では、体の背側《せがわ》、つまり上面《じょうめん》は黒褐色だが全体に淡くなり、とくに目の下から喉《のど》、胸や腹の羽毛が白っぽくなる。

5歳になると、体の上面は黒褐色のままだが、腹側、つまり下面は全体に白くなり、顔のあたりが黄褐色《おうかつしょく》になる。6歳になると、体の下面は白くなり、頭部から胸にかけて黄色味《きいろみ》がかかり、上面は黒褐色だが背中に白い羽毛が混《ま》じるまだら模様《もよう》になる。7、8歳になると、首の後側に黒褐色が残るが、全体に白くなり、頭部から胸にかけて黄色になる。10歳前後で全身が白くなり、頭から胸は山吹色《やまぶきいろ》になる。しかし、体色の変化にはかなり個体差《こたいさ》があり、8歳で全体に白くなるものもいれば、10歳を過ぎても首のうしろ側に黒褐色の羽毛が残るものもいる。ほぼ全身が白くなった成鳥は非常に美しい。

換羽《かんう》

体色の変化は、体をおおっている羽毛が生《は》えかわること、すなわち換羽によって起こる。羽毛はすり切れたり、昆虫《こんちゅう》のハジラミに食われたりして、古くなると抜《ぬ》け落《お》ち、新しい羽毛とおきかわる。

オキノタユウに外部寄生《きせい》しているハジラミは黒褐色で、体長は6、7ミリメートルである。あるとき、成鳥の胸の白い羽毛の上に黒く短い線が見えたので、ごみでもついているのかと思ってフィールドスコープで見ると、突然《とつぜん》、それが動きだし、羽毛の中にかくれてしまった。ごみだと思ったものはハジラミだった。また、ひなに黒い布で作った袋をかぶせて落ちつかせ、足環の標識をつけていたとき、首のあたりがむずむずすると感じて、首に巻《ま》いていた白いタオルをとってよく見ると、ハジラミがついていた。ひなの体から黒い袋の中に落ち、ぼくの衣服に移《うつ》って髪《かみ》の毛《け》の中に入ろうとしたのだろうと思い、ぼくはぞっとした。

幼鳥のとき黒褐色だった羽毛は、生えかわるたびに根元側の白い色の部分が少しずつふえ、先端部《せんたんぶ》の黒褐色が淡くなり、数回、生えかわって、最終的に白い羽毛にかわるようだ。換羽の進みぐあいは体の部位によって異《こと》なり、下面は早く白くなるが、上面は遅《おく》れて白くなる。また、雄よりも雌の方が遅《おそ》いようだ。おそらく、繁殖活動の負担《ふたん》が雌の方に大きくかかり、雌は体力の回復が遅れ、換羽のためのエネルギーを準備できないのだろう。

営巣地では、4月ころから体をおおう羽毛が抜《ぬ》けおちて、地面の溝《みぞ》にたまるので、一部の個体は繁殖期の後期から体の羽毛の換羽を始めるらしい。そして、渡りを終えてから、非繁殖期を過ごす海域で換羽を行なうのであろう。

翼の骨《ほね》にしっかりと固定され、その後側の縁にならぶ大きい風切羽《かざきりばね》や尾端《びたん》にならぶ尾羽《おばね》は飛ぶために欠かせない。オキノタユウの翼は2・3メートルにもなるので、風切羽の枚数《まいすう》は多い。翼の外側の手にあたる部分の骨についている長い10枚《まい》の羽根は初列《しょれつ》風切羽とよばれる。その内側、つまり胴体側の羽根は次列《じれつ》風切羽と呼《よ》ばれ、30数枚《すうまい》もある。両翼《りょうよく》を合わせると約90枚になる。また尾羽《おばね》は片側《かたがわ》6枚、合わせて12枚である。

　これらの大きな羽毛をたくさん生えかわらせるためにはたくさんのエネルギーが必要となる。10月から5月までの繁殖期やその前後の渡りの期間には飛翔能力《のうりょく》を維持《いじ》しなければならないから、風切羽や尾羽の換羽も夏の約3カ月間に行なわれるのだろう。ただ、営巣地で4月ころ、たまに抜け落ちた風切羽が見つかるので、その年に繁殖しなかったか、早い段階《だんかい》で繁殖に失敗した個体の一部が繁殖期の後期から換羽を始めるようだ。

　オキノタユウの翼の羽根の換羽はまだ研究されていない。北太平洋に生息する近縁《きんえん》な種、コオキノタユウとクロアシオキノタユウでの研究によると、飛翔するためにとくに必要な初列風切羽10枚のうち、外側の5枚は毎年生えかわることが多く、とくにもっとも外側の3枚は必ず生えかわり、そのほかはその個体の繁殖の成功・不成功によって生えかわる羽根の枚数が変わる。また、次列風切羽のうち胴体にもっとも近い方の10枚あまりも毎年よく生えかわる。初列風切羽のうち内側の5枚と、次列風切羽の外側の約20枚は3年に1回くらいのわりあいで生えかわる。また、尾羽は12枚とも毎年かならず生えかわる。

無事、ひなを育て上げると体力を回復するためエネルギーが必要で、換羽にエネルギーを回せないため、もっとも外側の3枚だけが生えかわる。だが、早い段階で繁殖に失敗すると体力が残っているので、もっとも外側の3枚に加えて、それより内側の5枚くらいが生えかわる。遅い段階で繁殖に失敗すると、換羽する枚数がへる。もし、繁殖に成功しつづけると、もっとも外側の3枚だけが生えかわり、その他の7枚の風切羽は古くなって、すり切れたり、いたんだりする。そうすると、思い切って繁殖を休んで全部の風切羽を生えかわらせるか、古い風切羽のままで繁殖をつづけるかを選ばなければならない。繁殖と換羽はどちらもたくさんのエネルギーを必要とする。そのため、鳥たちはどちらにどれくらいエネルギーを配分するか、状況《じょうきょう》に応じて決めなければならない。オキノタユウの換羽も近縁な種とほぼ同じであろう。

生き残り率《りつ》

生まれた卵のうち、どれくらいの割合でひなが誕生するのか、つまりふ化率は残念ながら調査《ちょうさ》できなかった。その時期に、鳥島で長く滞在《たいざい》することができなかったからである。しかし、生まれた卵のうち巣立ったひなの割合、すなわち繁殖成功率《せいこうりつ》は1979年から長期にわたって調べた結果、39年間の平均で60・8％、前半20年間の平均は54・8％で、後半の19年間は67・0％であった。オキノタユウは一腹《ひとはら》に1卵を産むから、この数字は産卵から巣立ちまでの生き残り率になる。また、小数点で表示《ひょうじ》すれば、ある年に1組のつがいが育て上げた平均のひな数になる。

足環標識をつけた個体を追跡《ついせき》して観察した結果、巣立ち後の生き残り率はほぼ一定で、毎年95・5％だった。いいかえると、1年間に100羽のうち4～5羽が死亡するに過ぎない。この数字にもとづいて計算すると、巣立った幼鳥はそのあと平均して約22年間生きることになる。オキノタユウにとって主な天敵《てんてき》は人間である。そのほかに外洋性《せい》の捕食者《ほしょくしゃ》であるシャチが含まれるかもしれない。しかし、南極海に生息するオキノタユウ類はシャチの群れを追って、かれらの食べ残しを利用することがあるから、オキノタユウ類はシャチから間接的《かんせつてき》に利益《りえき》を得《え》ているかもしれない。

死亡率《しぼうりつ》が低いことから、オキノタユウは非常に長生きだと予想される。足環標識によって、ぼくが確認した最高年齢は38歳で、1979年5月に巣立った22羽のうちの1羽だった。もちろん、これ以上に長生きする個体もいるはずで、金属《きんぞく》の足環標識をつけていない個体も何羽《なんわ》か確認されたから、最高寿命《じゅみょう》はきっと50年を超《こ》え、近縁な種の寿命を参考にすれば、おそらく60～70年くらいになるだろう。このように非常に長寿《ちょうじゅ》だからこそ、鳥島集団も尖閣《せんかく》諸島集団も人間による迫害《はくがい》や火山噴火《ふんか》の影響《えいきょう》を乗りこえることができたのである。

営巣地の一日

産卵後、親鳥は交代で卵を抱き、温める。この抱卵期にはつがいの片方が巣にとどまるので、営巣地にいる個体数《こたいすう》は1日のうちに大きく変わらない。しかし、両親ともひなのえさを集めるために海に出る時期になると、風や温度など天気の影響を受けて、営巣地にいる再婚活動中の成鳥や求愛活動中の若鳥の個体数が少しずつ変化する。

営巣地にいる個体数が多いと、カウントに時間がかかり、細かい変化を追うことができない。そのため、鳥島集団の個体数が少なかった1995年4月に、従来《じゅうらい》営巣地を見下ろす崖の中段《ちゅうだん》から、営巣地にいる個体やその沖の海上に浮いている個体、また見える範囲で営巣地上空や海上を飛翔《ひしょう》している個体の数を調べた。ベースキャンプの小屋から崖の中段まで片道《かたみち》1時間かかるので、日の出から調査をすることはできず、朝7時45分から午後5時30分まで、15分ごとに個体数をカウントした。風のない暑い日には、営巣地にすわっているひなや成鳥はしばしばくちばしを少し開けてあえぐように呼吸《こきゅう》し、成鳥や若鳥の大半は海に出て、水面に群れて浮き、営巣地にはひなしか残っていないことがある。そして、営巣地が日陰《ひかげ》になると、海からもどってくる。こうした温度の影響を調べるため、崖の中段の観察地点の地面に温度計を浅く差しこんで、地表温度を測《はか》った。

第1日目は4月13日で、この日、鳥島は高気圧《こうきあつ》におおわれた。天気は快晴《かいせい》から晴れで、太陽が照りつけた。しかし、16時には営巣地の上にある崖が太陽を隠《かく》し、営巣地全体が日陰になった。風は朝からだんだん弱くなり、北西の風、風力3から北北西の風、風力1に変わった。地表温度は21・5℃からぐんぐん上がり、10時に37・9℃になり、11時には40℃を超え、15時から急に下がって18・7℃になった。

営巣地には61羽のひながいた。地上の個体数は、朝の96羽から少しずつふえ、夕方までに大部分の

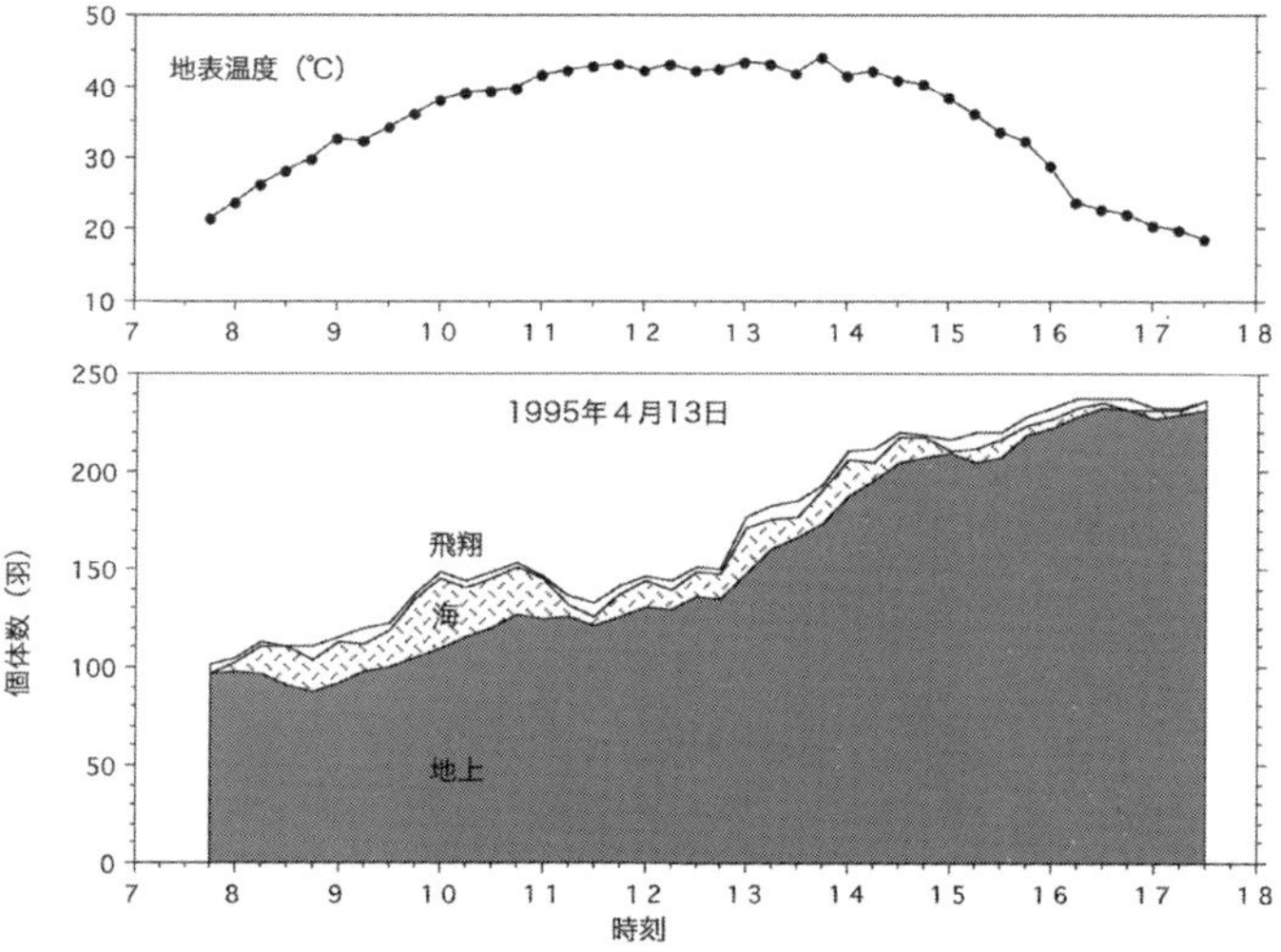

図15　営巣地とその周辺で観察された個体数と地表温度の日周変化（1995年4月13日）。この日、営巣地とその周辺で観察された個体数は、午前8時ころの約100羽からだんだんふえて、夕方には230〜240羽になった。

個体が営巣地にもどって231羽になった。海上に浮いていた個体は朝、1羽だけだったが、だんだんふえて10時には36羽になり、そのあとは10〜20羽ほどで、15時を過ぎると10羽以下になった。営巣地の上空や海上を飛翔している個体数はいつも10羽以下だった（**図15**）。個体数が午前からだんだん増《ふ》えたのは、ひなにえさを与えるためにもどってきた親鳥が、そのあと風が弱かったために遠出することができずに営巣地にとどまったためだろう。

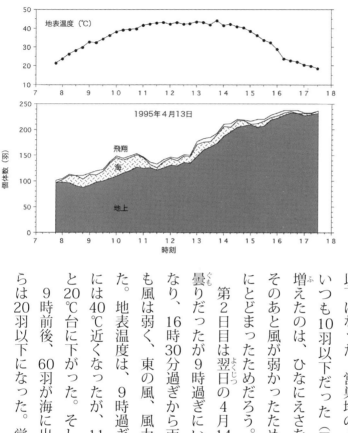

第2日目は翌日《よくじつ》の4月14日で、高気圧は東に去り、朝、薄《うす》曇《ぐも》りだったが9時過ぎにいったん晴れて、11時前に本曇《ほんぐも》りになり、16時30分過ぎから雨がぽつぽつと落ちてきた。この日も風は弱く、東の風、風力2から南東の風、風力2に変化した。地表温度は、9時過ぎに晴れたときに30℃を超え、10時には40℃近くなったが、11時にくもると30℃を切り、そのあと20℃台に下がった。そして、14時過ぎから10℃台になった。

9時前後、60羽が海に出て群れて浮いていたが、昼過ぎからは20羽以下になった。営巣地にいた鳥の数は、11時ころに

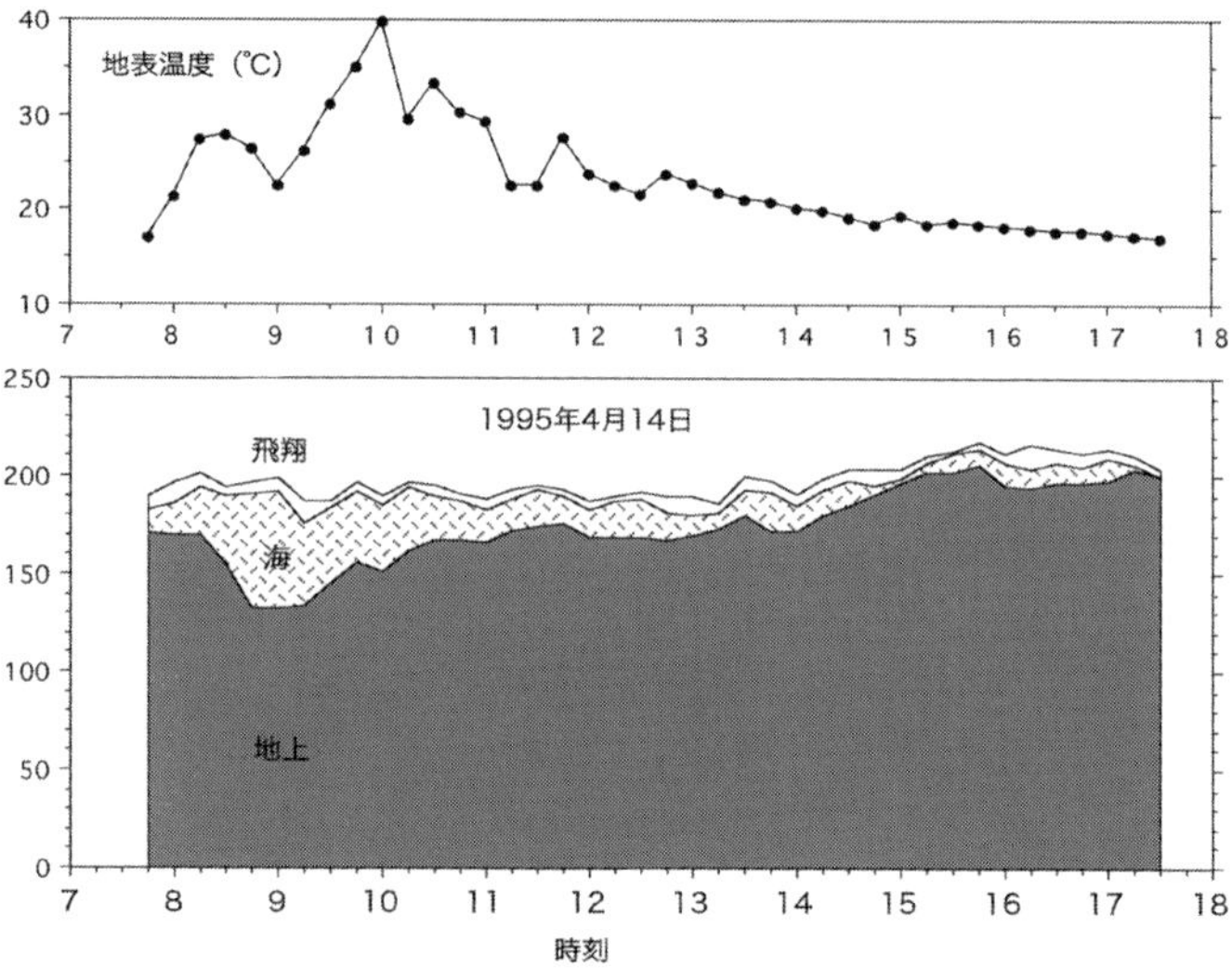

図16　二日目（1995年4月14日）に、営巣地とその周辺で観察された個体数と地表温度の日周変化。この日、全体の個体数は一日中200羽前後で、午前中は海に出て過ごす個体が比較的多かった。夕方には、ほぼすべての個体が営巣地の地上にもどった。

本曇りになってから160〜180羽で、14時30分ころに風が弱くなると、少しふえて190〜200羽になった。この日、営巣地周辺で観察された個体数は190〜220羽で、大きく変化しなかった（図16）。前日から風が弱かったため、鳥島にもどってくる個体も鳥島から出て行く個体も少なかったからであろう。

営巣地で夜を過ごした鳥は、たいてい朝、営巣地を飛び立って海に出て水浴びをし、羽毛についた砂や汚《よご》れを落として営巣地にもどる。一部は、夕方再び海に出て、水浴びをして体を清潔にしてから営巣地にもどる。また、地上の温度が上がると、暑さを避《さ》けるために海に出て、群れて浮きながら過ごす。そして、営巣地が日陰になってから営巣地にもどり、求愛ダンスを始める鳥もいる。暑いときに求愛ダンスをすると、体温が上昇してしまうのだろう。

また、低気圧が近づくと、強風や強い雨を警戒《けいかい》して多くの鳥は早めに島を離れる。その結果、営巣地にいる個体数はへる。一方、高気圧におおわれて晴れて風が弱い日がつづくと、営巣地にいる個体数はだんだんふえる。

営巣地では、オキノタユウはなわばりの防衛や求愛行動で鳴き声をさかんに発するが、海上や営巣地上空を飛翔しているときにはまったく鳴かない。海上で群れて浮いているとき、えさをめぐる争いや求愛行動でときどき鳴き声を発する。また、海上に単独で浮いているときに他種の海鳥類が近づき過ぎた場合には、追いはらうために威嚇《いかく》の音声を出す。

オキノタユウは一羽一羽が風を利用して飛翔し、編隊《へんたい》を組んで飛翔することはない。そのため、海上ではおたがいの距離は遠くはなれていて、音声は相互《そうご》に届《とど》かない。また、海上では波や風の音で鳴き声はかき消されてしまうにちがいない。そう考えると、海上では音声コミュニケーションが適《てき》さないことに納得《なっとく》がゆくだろう。

海の汚染《おせん》

オキノタユウは広大な海で生活している。もしその海がさまざまな物質《ぶっしつ》で汚されると、オキノタユウは生命をおびやかされ、場合によっては死に追いやられる。海はごみ捨《す》て場《ば》ではない。海は地球の環境《かんきょう》を調節し、生命を維持《いじ》するという重要な役割《やくわり》を果たしている。海が汚れれば、海の生物だけでなく、陸上の生物も大きな影響を受ける。

油汚染

ぼくが保護《ほご》研究を始めた１９７０年代の後半、海は船から廃棄《はいき》された油で汚れていた。鳥島に気象《きしょう》観測所《かんそくしょ》があったころ整備《せいび》された船着き場にゴムボートで上陸して、コンクリートの上に腰《こし》を下ろした。そのあと立ち上がると、変な臭《にお》いがした。ズボンの尻《しり》の部分にいくつかの黒い油がついていて、そこから臭いが出ていた。よく見なければわからないほど小さなアスファルト状《じょう》の丸いかたまりがコンクリートの表面にたくさん転がっていて、そこに腰を下ろしたためにかたまりがつぶれて、ズボンについたのだった。

このアスファルト状の黒い油のかたまりは〝廃油《はいゆ》ボール〟と呼ばれ、船から海に捨《す》てられた廃油や油を含む汚水《おすい》が海上を浮きながらただようちに、揮発性《きはっせい》の成分が失われて軟《やわ》らかい固形物となり、それらが波にもまれるうちに小さな浮遊《ふゆう》ごみの周囲にひっついてできる。上陸地点の周囲をよく見ると、海岸の石や岩の表面にもついていた。太陽に照らされて温度が上がると、それらがとけ始めることもあった。また、船着き場の海面に小さな廃油ボールが浮いていることもあった。

営巣地で観察しているとき、胸や腹にべっとりと黒い油をつけている鳥もいた。もし、翼の風切羽や尾羽に油がつくと、オキノタユウはもっとも重要な飛翔能力を保てなくなり、衰弱《すいじゃく》して海上で死亡するにちがいない。

そのあと、１９８３年に海洋汚染防止条約《ぼうしじょうやく》が発効《はっこう》し、油による海洋の汚染を防止する規則《きそく》が定められて、廃油ボールはしだいに姿を消していった。今ではもう、鳥島で廃油ボールを見かけることはほとんどない。

プラスチック類による汚染

廃油ボールの減少《げんしょう》とは逆に、1980年代からはプラスチック類などの分解《ぶんかい》しにくい浮遊ごみによる海洋の汚染が目立つようになった。営巣地でひなに足環の標識をつけていたとき、たまたまアイスクリームを食べるときの長さ5センチメートルほどのプラスチック製《せい》スプーンを見つけた。無人島まで人間がアイスクリームを持ってくることはないし、ほかにそのスプーンを使う必要もないから、どうして営巣地にあったのか、ぼくには不思議でならなかった。竜巻《たつまき》でもなければ、海から高度80メートルにある営巣地までスプーンは運ばれない。

それから数年後、足環標識をつけているときに、驚いたひなが胃の内容物《ないよう》の一部を吐きもどした。その中にプラスチックのかけらが混じっているのを発見した。そのとき、ようやく謎《なぞ》が解《と》けた。親鳥がえさとまちがえて海に浮いていたプラスチック製スプーンをのみこんだか、それを食べた魚をたまたま食べて、スプーンを営巣地に運びこんだにちがいないと。ただ、親鳥がそれを吐《は》き出したのか、それともえさといっしょにひなに与えたあと、ひなが吐き出したのかはわからなかった。それまで気がつかなかった理由は、1980年代前半にはひなの数自体が少なく、胃の内容物を吐き出すひなの数はさらに少なかったからである。

それで1988年4月から、ひなに足環標識をつけるときに吐き出した内容物の中に見つかるプラスチック類の種類とその大きさを記録し、しっかりと調査することにした。その年、57羽のひながいて、8羽が胃の内容物を吐きもどし、そのうち4羽、50%のひなの吐出物から目につく大きさのプラスチックのかけらが見つかった。ひなは必ずしも胃の内容物をすべて吐き出すわけではないから、プラスチック類をとりこんでいても、吐き出されない可能性《かのうせい》がある。したがって、少なくともこれだけの数のひながプラスチック類を含んでいたということになる。また、吐出物の大部分を占《し》める半分消化された液体状《えきたいじょう》のえさは、すぐに火山砂の地面に染《し》みこんでしまって、その重さを測ることはできなかった。結局、胃の内容物を吐き出したひなの数に対して、その中にプラスチック類が混じっていたひなの数の割合でプラスチック類の出現率《しゅつげんりつ》を表すしか方法がなかった。

そのプラスチック類の出現率（**図17**）は、2000年度ころまでしだいに上がって90%近くになった。そのころ、大部分のひながプラスチック類をとりこんでいた。そのあと、出現率は少しずつ下がって、2017年度には50%ほどになった。混じっているプラスチック類の大きさも変わり、以前と比較《ひかく》して最近は大きいものは少なくなった。もし、このプラスチック類出現率がオキノタユウの採食海域のプラスチック類汚染を反映《はんえい》しているとすれば、2000年度以降《いこう》、プラスチック類による海洋汚染はやや減少していると推測される。じっさいに、鳥島の海岸で見かける打ち上げられたプラスチック類の量も、最近は少しへってきた。おそらく、人びとの意識《いしき》が変化して、プラスチック類をきちんと始末するようになり、漁船を含めて船舶《せんぱく》から投棄《とうき》されるプラスチック類の数量がへり、河川《かせん》を通じて陸地から海に流れこむプラスチック類の量もへったのであろう。

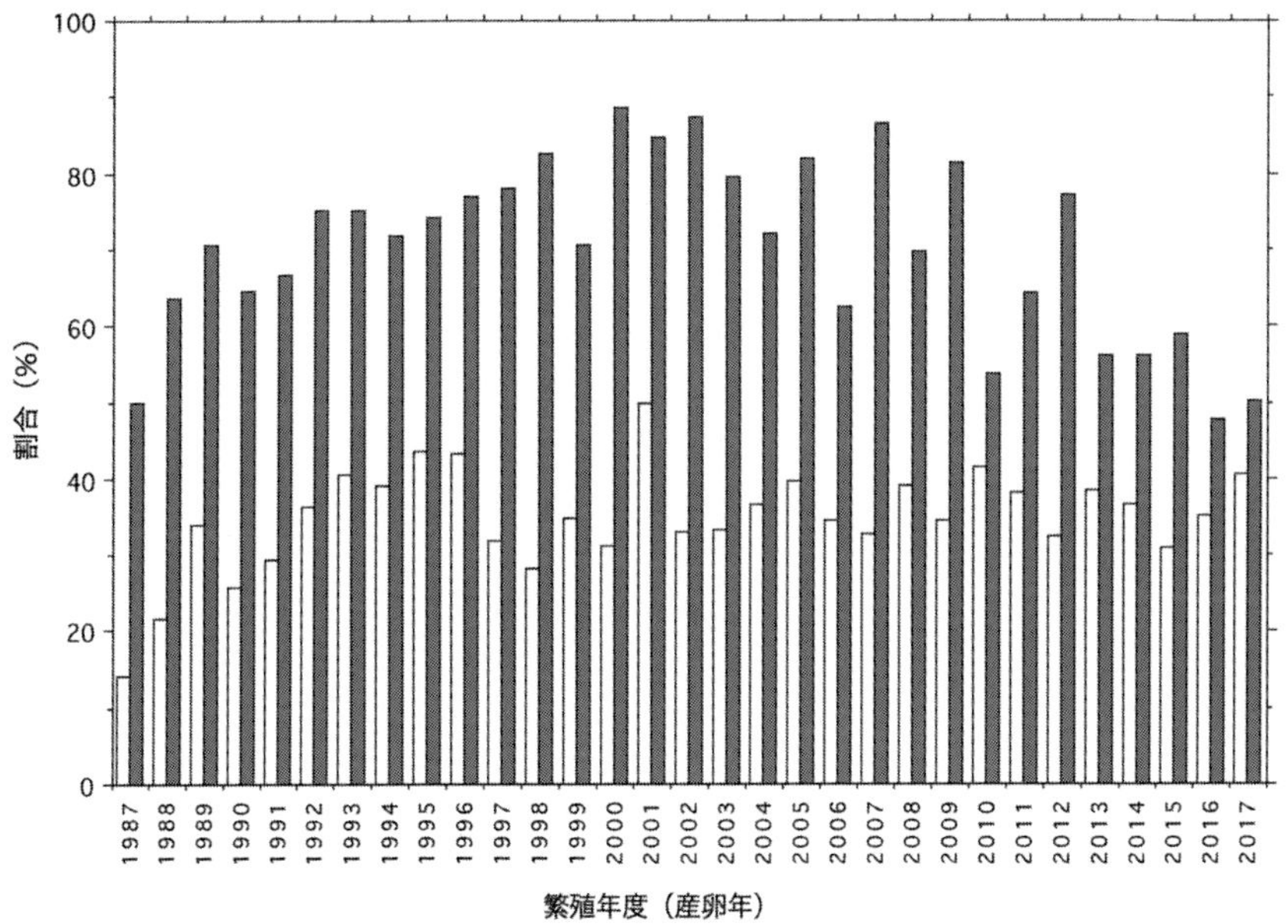

図17　ひなに足環標識をつけるときに胃の内容物を吐きもどしたひなの数の割合（白）と、吐きもどしたひなのうち、内容物の中にプラスチック類が混じっていたひなの数の割合（影）。平均すると約35%のひながプラ胃内容物を吐きもどした。そのうちプラスチック類の出現率は、調査を始めた1987年度から2000年度にかけてしだいに上がり、90%近くになった。それからは少しずつ下がる傾向がみられた。

しかしもし、海洋をただよううちに大きなプラスチック類が紫外線《しがいせん》を受け、波にもまれて破《は》砕《さい》され、マイクロプラスチックとなって浮遊しているのであれば、大きな問題である。それらがえさとまちがえられて中型の海洋動物にとりこまれ、それを食べる大型《おおがた》動物の体内に受けわたされることになるからだ。

ぼくは鳥島で、プラスチック類を多量にとりこんで胃をつまらせて死んだオキノタユウのひなや成鳥・若鳥をこれまで見たことがない。おそらくその理由は、かれらがプラスチック類などの不消化物を吐き出すことができるからである。絶食して卵を抱く親鳥は、前胃にたまっていたプラスチック類のかけらを巣のまわりにたくさん吐き出すことがある。また抱卵を交代したあと、巣から離れた場所でまとめて吐き出すこともある。ひなも、巣立ち前に絶食して羽ばたきの練習をしている期間に、下を向いて口を大きく開けて頭を振りながら、イカの顎板《がくばん》（カラストンビと呼ばれる）などの不消化物といっしょにプラスチック類のかけらを吐き出す。海に飛び立つ前に、できるだけ体を軽くしたいのだろう。

しかし、成長期のひなが多量のプラスチック類をとりこんでしまうと、それによってえさをためておく前胃の大部分が占められてしまい、ひなは親鳥から十分なえさを受けとれなくなる。その結果、栄養不足になり成長が遅れる。また、ひなは水を飲むことができないから、エネルギー代謝《たいしゃ》によって体内にできた水を利用する。もし、十分なえさを受けとれない場合には代謝水《たいしゃすい》がへり、ひなの体内で水分が不足する。太陽が照りつけて温度が上がった日には、ひなは太陽を背にして立ち、あえぐように呼吸《こきゅう》して体温の上昇をおさえる。このときに水分が失われるので、温度が高い日がつづくと、ひなは脱水症状《だっすいしょうじょう》におちいり、最悪の場合には死亡する。人間が自分の便利さのためにプラスチック類を使って、それらをしっかりと始末しないために、遠く離れた無人島でオキノタユウの生命がおびやかされる。そんなことがあってよいはずがない。もちろん、オキノタユウだけが被害《ひがい》を受けているわけではなく、海にただようぼうだいな量のプラスチック類はさまざまな海洋生物の生命や健康に影響をおよぼしている。

苦境《くきょう》に立つ海鳥類

海洋は地球表面の70・8%を占める。ただ、そこに生息する海鳥類は約360種で、鳥類全体のわずか3%に過ぎない。特別にすぐれた飛翔力や潜水《せんすい》能力をもたなければ、鳥類は海洋環境に進出できない。

広大な海洋は人間が住む陸地から遠く離れているので、海鳥類は人間活動とは縁がないだろうと、多くの人は予想するかもしれない。しかし、それとはまったく逆に、世界で絶滅《ぜつめつ》のおそれのある海鳥類は約110種にのぼり、海鳥類全体の30%になる。さらに、それに準ずる状況にある海鳥類は約35種で、それらを合わせると、じつに海鳥類の4割近くが苦境に追いやられている。絶滅のおそれのある種の割合は、水鳥類(17%)やワシタカ類(18%)、ハト類(20%)、キジ類(20%)、オウム類(28%)などよりも高く、海鳥類は鳥類の中でもっとも絶滅の危機にあるグループである。

海鳥類の中でも、沿岸性のグループは15%だが、外洋性のものはなんと39%が絶滅の危機にある。人間の生活空間から遠く離れた無人島で繁殖し、大海原《おおうなばら》を広く移動する外洋性の海鳥の方が、いっそう危機的《ききてき》な状況にある。その外洋性の海鳥類の中で、優《すぐ》れた飛翔力をもつオキノタユウ類は22種中15種、68%が、抜群《ばつぐん》の潜水能力をもつペンギン類は18種中10種、56%が絶滅のおそれのある状況に追いやられている。

日本列島でも、絶滅のおそれのある種に指定されている鳥類98種のうち、20種が海鳥で、約2割を占める。また、列島で繁殖する海鳥類39種のうち、約半分の種がきびしい状況におかれている。

海鳥類が苦境に立たされている主な原因《げんいん》は、外洋域で大規模《だいきぼ》に行なわれているはえなわ漁業や底引《そこび》き網《あみ》漁業、流し刺《さ》し網《あみ》漁業など、商業漁業による事故死《じこし》で、これは「混獲」と呼ばれる。それによって、毎年、約30万羽が見えないところで犠牲《ぎせい》になっていると推定《すいてい》され、その結果、成鳥や若鳥の死亡率が上がり、個体数がへる。たとえば火山噴火や津波のような大規模《きぼ》だが一時的な影響よりも、日常的《にちじょうてき》に起こる漁業による混獲の方が海鳥類の個体数をじわじわと確実にへらす。

もう一つは、人間と海鳥類との食物資源《しげん》の取りあいである。海鳥類のえさとなる小型《こがた》魚類を人間が現代的装備《げんだいてきそうび》で一網打尽《いちもうだじん》に漁獲《ぎょかく》すると、海鳥類の食物資源量《しげんりょう》がへり、その結果、ひながじゅうぶんな保育をうけられず、繁殖成功度が下がり、個体数がへる。今後、〝持続可能《かのう》な漁業〟のために、漁業者のあいだで漁獲量《ぎょかくりょう》の枠《わく》を割《わ》り当《あ》てるだけでなく、海鳥類が食物として大きく依存《いぞん》している魚種については、海洋生態系保全《せいたいけいほぜん》のために海鳥類の〝漁獲割当量《わりあてりょう》〟を決めなければならない。

また、人間が意図せずに繁殖地の島じまに持ちこんだネズミ類など外来侵入《しんにゅう》種が海鳥類を捕食《ほしょく》し、ときにはものすごく大きな影響をおよぼす。ネズミ類は卵やひなを捕食するだけでなく、ときには成鳥をも襲《おそ》って、繁殖集団の出生率《しゅっせいりつ》を大きく下げる。南大西洋のトリスタンダクーニャ諸島のゴフ島では、非常に大型のトリスタンオキノタユウのひなが大型化《おおがたか》したハツカネズミの集団によって体の軟《やわ》らかい部分をかじられて死亡し、個体数が激減《げきげん》した。そのため、現在《げんざい》、大規模なネズミ駆除《くじょ》作戦が行なわれている。小型のウミツバメ類やミズナギドリ類はネズミ類によってたやすく捕食され、繁殖集団が激減し、消滅《しょうめつ》することもある。

人間が意図的に持《も》ちこんだネコやブタ、ヤギも海鳥類の繁殖に影響をおよぼす。ネコは野生化して親鳥やひなを襲い、ブタは卵やひなを食べ、ヤギは植物を根こそぎ食べて表土の浸食をうながし、営巣地を破壊《はかい》する。こうして外来侵入《しんにゅう》種は島の生態系を大きく変えてしまい、海鳥類の繁殖をかき乱す。かつて、人間も繁殖地の島に侵入して海鳥の卵やひな、成鳥を大量に捕《つか》まえた。しかし、現在では、海鳥類を意図的に捕まえることは特別な例外をのぞいて禁止《きんし》されている。

これらの結果、過去《かこ》60年間で、世界の海鳥類の個体数は70％もへってしまったと推定されている。この激減によって、巨大《きょだい》な集団繁殖地が消えたり、ごく小規模《しょうきぼ》になったりして、地球上で海鳥類のにぎわいは失われつつある。

さらに、人間が排出《はいしゅつ》したぼうだいな量のプラスチック類が海に流《なが》れこみ、海鳥類の生存に影響を及《およ》ぼしている。多くの海鳥類は海面に浮遊するプラスチック類のかけらをえさとまちがえてとりこんでしまい、多量にとりこんだ場合には消化器官をつまらせて死亡する。大海原に流れ出ると、分解されにくい浮遊性のプラスチック類は、海流に運ばれてホンダワラ類などの流れ藻《も》といっしょになり、帯状《おびじょう》のまとまりをつくる。こうした流れ藻のまとまりの下には、海洋動物の幼体《ようたい》や魚類の稚魚《ちぎょ》、動物プランクトンなどが集まる。海鳥類の中にはそれらの藻類《そうるい》や動物プランクトンから発せられるわずかな臭いを手がかりにして、えさのある場所を探《さが》すものもいる。その臭いのもとは硫黄《いおう》を含んだ揮発性のジメチルスルフィド（硫化《りゅうか》ジメチル）である。

海面を浮遊するプラスチック類は海中の化学物質を表面に引きつける性質《せいしつ》をもっていて、ジメチルスルフィドも表面につく。その結果、海鳥類はプラスチックのかけらをいい臭いがするものと感じて、飲みこんでしまうようだ。つまり、臭いにだまされてしまうらしいのだ。

最近の研究によって、あやまってとりこまれたプラスチック類は、たとえ少量であっても、海鳥の健康に被害をおよぼすことが明らかになった。プラスチック製品《せいひん》の製造過程《せいぞうかてい》で添加《てんか》される化学物質が、胃の中でえさに含まれる油分に溶《と》け出し、体内に吸収《きゅうしゅう》されて蓄積《ちくせき》し、生理活動に影響をおよぼす。海鳥類の約90％の個体が多かれ少なかれプラスチック類をとりこんでいるから、ほとんどすべての海鳥が人間のすてたプラスチック類によって被害をうけていることになる。

将来《しょうらい》、気候変動による海洋環境の変化が海鳥類に大きな影響をおよぼすだろう。地球の平均気温が上がれば、海水準《かいすいじゅん》が上がる。すると、標高の低いサンゴ礁《しょう》の島は水没《すいぼつ》し、そこで営巣する海鳥は繁殖地を失う。水没しないまでも大型化する台風の大波によって繁殖地の環境が変わるだろう。海水温が上がり、海水の化学的性質が変化し、海洋生態系が大きく変われば、海鳥類は採食場所を変えざるを得なくなる。さらに海流が変化すると、海洋システムの転換《てんかん》が起こるかもしれない。繁殖に適した無人島の数は少ないので、海鳥類はそうした激変《げきへん》に対応《たいおう》できないかもしれない。

世界のオキノタユウ類の受難《じゅなん》

伊豆諸島鳥島でオキノタユウの保護研究を始めてまもない1970年代の末ころ、ぼくはたまたま開いた週刊誌《しゅうかんし》のカラーグラビア・ページを見て、驚いた。そこには船上にずらりと並《なら》んでいるオキノタユウ類の死体の写真がのっていて、鳥のくちばしに釣《つ》り針《ばり》とテグスがついていた。南半球で行なわれている日本のミナミマグロはえなわ漁業で犠牲《ぎせい》になった海鳥だ、という説明がついていた。ぼくは、以前は繁殖地の島で乱獲《らんかく》され、今度は海上で漁業によって数多くのオキノタユウ類が犠牲になっていることを心配した。そのあと、週刊誌の記者から犠牲になった島の種名について電話で問い合わせがあったが、たとえば1回にどれくらいの個体数が犠牲になるのかとか、1カ月間の総個体数《そうこたいすう》はどれくらいかなど、具体的情報《じょうほう》がなかったので、ぼくはオキノタユウ類の個体数への影響を推測することができなかった。

1970年代から、ティッケルさんが調査基地《きち》を築《きず》いた南極海のサウス・ジョージア諸島で、ワタリオキノタユウの繁殖個体数がへり始めた。南極に近く、人間活動の影響を受けるはずがないと信じられていて、その原因はわからなかった。ただ、成鳥の死亡率がやや上がっていると指摘《してき》された。そのころから、南極海にあるほかの島の繁殖地でも個体数がへり始めた。

そのあと調査が進むにつれて、意外な事実が判明《はんめい》した。営巣地では、雄に較《くら》べて雌の数が少なく、性比《ひ》が雄にかたよっていた。そして、つがい相手のいない雄が卵を抱いている雌に対してむりやり求愛をしたり、雄のあいだの争いが激しくなったりして営巣地が混乱《こんらん》状態になり、その結果、繁殖に失敗するつがいがふえたとも聞いた。

さらに衛星《えいせい》追跡技術《ぎじゅつ》を利用して移動経路の研究が進められ、ワタリオキノタユウの採食海域は雄と雌で異なり、雄は南極に近い高緯度《いど》海域を、雌は中緯度海域を主に利用していることがわかった。そして、日本のミナミマグロはえなわ漁業海域とワタリオキノタユウの雌の採食海域とが大きくかさなっていて、雌の方が犠牲になりやすいと推測された。

また、１回の操業《そうぎょう》で数十キロメートルの長さのはえなわに数千本の釣り針がしかけられ、それらが海流に流されて、数時間後に引き上げられてマグロが釣《つ》り上《あ》げられる。そしてすぐまた、はえなわがしかけられ、１日に数回、この作業がくりかえされる。そうすると、１隻《せき》の漁船が１日にしかけるはえなわの総延長《そうえんちょう》は何百キロメートルにもなり、はえなわが海流によって移動する面積はものすごく大きくなる。さらに、漁船の数や操業日数が多ければ、はえなわ漁がカバーする海の総面積《そうめんせき》はぼうだいになる。したがって、たとえ１隻の漁船で１回に犠牲になる海鳥類の個体数が少なくても、１年間に多数の漁船によって混獲される個体数をつみかさねれば、数万羽にもなるはずである。

この問題に取り組んだのがオーストラリア・タスマニアの野生生物・自然公園局の研究者、ナイジェル・ブラザーズである。かれは、１９８０年代末に漁業監視員《かんしいん》として漁船に乗り組み、混獲された海鳥類の統計《とうけい》をとった。１９９１年にその結果を学術論文《がくじゅつろんぶん》として発表し、１年間に犠牲となるオキノタユウ類の総個体数を少なく見つもっても４万４０００羽になると推定し、はえなわ漁による混獲こそがオキノタユウ類の個体数減少の原因であると主張《しゅちょう》した。また、海鳥類によってえさを奪《うば》われてしまうため、ミナミマグロ自体の漁獲《ぎょかく》量がへり、大きな損害《そんがい》が生じるとも指摘した。そして、混獲を防《ふせ》ぐために適切《てきせつ》な方法をとれば、海鳥類にとっても漁業者にとっても有利であると、強調した。

１９９５年８月にタスマニアのホバートで開催《かいさい》された第１回国際《こくさい》オキノタユウ類会議で、緊急《きんきゅう》のワークショップ「アホウドリ類と漁業との相互影響」が開催され、ミナミマグロはえなわ漁業による混獲の現状《げんじょう》と被害をへらす方法について、２日間にわたって活発な議論《ぎろん》が行なわれた。

表6 絶滅のおそれの程度にしたがって分類したオキノタユウ類の種数。バードライフ・インターナショナルなどの資料による。

	1988	1998	2003	2008	2012	2019
種・分類単位	14	24	21	22	22	22
特別危惧種（CR、IA 類）		2	2	4	3	2
絶滅危惧種（EN、IB 類）		2	7	6	6	7
危急種（VU、II 類）		16	10	8	8	6
＊絶滅のおそれのある種	2	20	19	18	17	15
準危惧種（NT）	6	1	2	4	5	6
資料不足（DD）	0	2	0	0	0	0
問題なし（LC）	6	1	0	0	0	1

＊絶滅のおそれのある種は、特別危惧種、絶滅危惧種、危急種の3ランクをまとめたもので、準危惧種は含まない。オキノタユウは以前には絶滅危惧種であったが、個体数が回復した現在では危急種に分類されている。

オキノタユウ類の世代期間は20～30年と長い。したがって、繁殖集団の減少率《げんしょうりつ》が1年間では小さくても、１世代でみれば大きな減少率になり、数世代後には激減すると予測《よそく》された。この状況をおおいに心配した世界のオキノタユウ類研究者が、いろいろな種について繁殖集団の大きさや個体数の変化を分析《ぶんせき》し、はえなわ漁業による混獲数を推《すい》計《けい》して、絶滅の危険度《きけんど》を分類した。

表6に、絶滅危惧《きぐ》の程度《ていど》別に種数をまとめた。かつてオキノタユウ類は13種とされていたが、１９８３年に南インド洋のアムステルダム島で繁殖する鳥が新種として記載《きさい》されて14種となり、さらにミトコンドリアの遺伝子《いでんし》情報にもとづく分子系統《けいとう》学的研究の結果、１９９６年に24の分類単位に分けられた。そののち、野外で識別・同定の困難さや細分化に対する批判《ひはん》があって、最近では22種に落ちついている。

はえなわ漁業による混獲問題が起こる前の１９８０年代後半、絶滅のおそれのある種は、人間に乱獲されたオキノタユウと繁殖地の島で放牧の影響で個体数が減少したアムステルダムオキノタユウの２種だけだった。しかし、世界の沿岸海域で漁業資源がしだいにへったため、外洋海域での漁業が開拓《かいたく》されて、マグロ・カジキ類を漁獲対象《たいしょう》とした「浮《う》きはえなわ漁業」やマジェランアイナメ（メロ、ギンムツ）やメルルーサ（ヘイク）、タラ類、オヒョウなどの底魚類《そこうお》を対象とした「底《そこ》はえなわ漁業」がさかんに行なわれるようになった。その結果、世界各地でオキノタユウ類やそのほかのミズナギドリ類がはえなわ漁業の犠牲になり、それらの個体数が急速にへって、多くの種の絶滅が危惧されるようになった。

そのあと、混獲を防ぐ技術の開発が進み、それらが実施《じっし》されて、犠牲になる個体数がへり、一部の種は個体数がふえ始めて、絶滅の危険度が下がった。中には、マユグロオキノタユウのように絶滅の危機から脱《だつ》した種もいる。それでもなお、オキノタユウ類の大部分の種は絶滅の瀬戸際《せとぎわ》に立たされている。

漁業による混獲とそれへの対応

海洋での保護

オキノタユウは7月から9月までの非繁殖期をおもに北太平洋北部やアラスカ海域で過ごし、一部は北アメリカ西海岸の沖やカリフォルニア沖まで南下する。この海域、とくにベーリング海で、タラ類やオヒョウなどの底魚を漁獲対象としたはえなわ漁によってオキノタユウの事故死《じこ》が1990年代後半から急にふえた（図18）。そのころ、鳥島集団の総個体数は推定で750羽を超えたばかりであった。

1980年代から90年代前半までは、タラバガニの籠網漁《かごあみりょう》とオヒョウのはえなわ漁でそれぞれ1

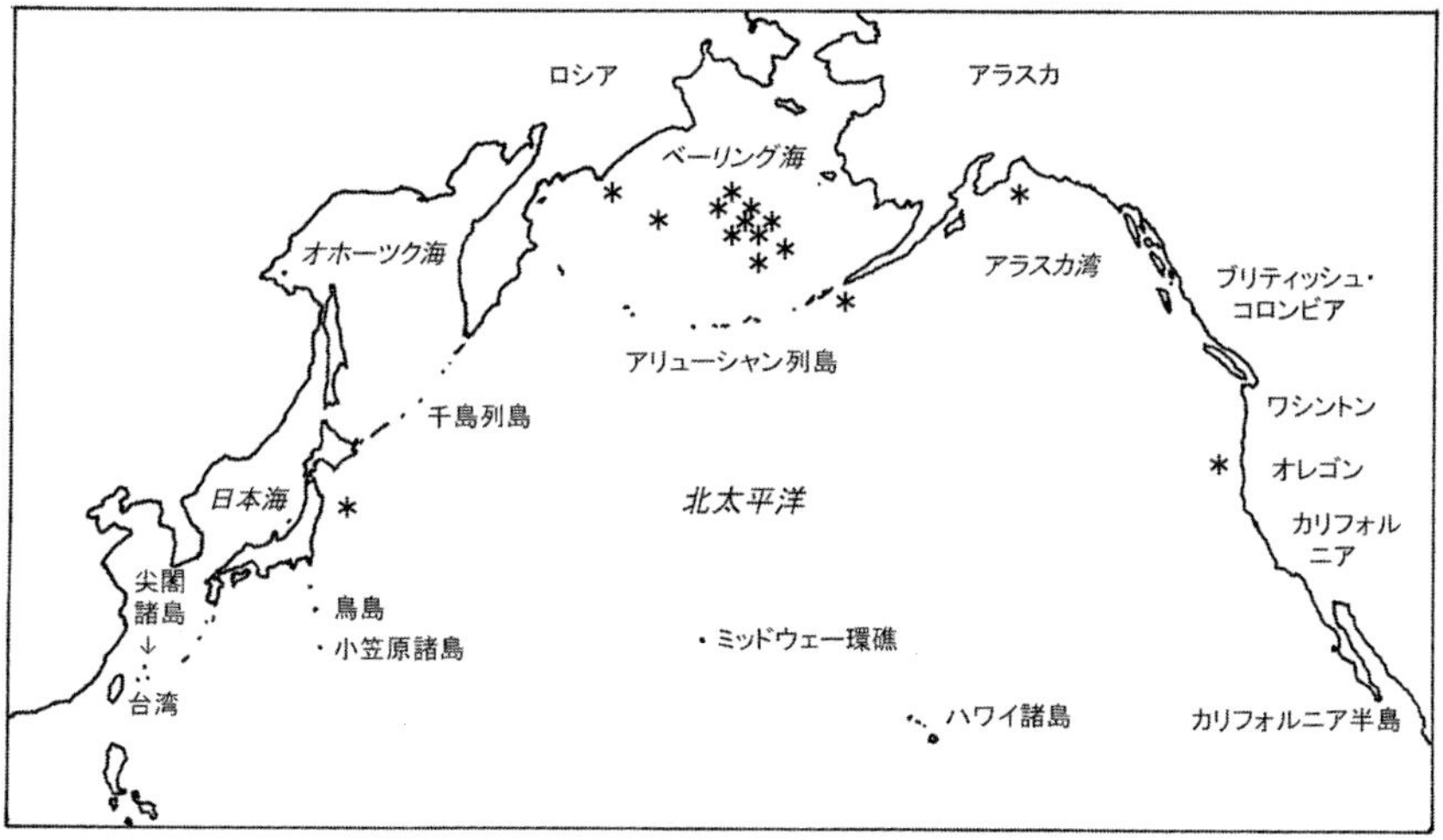

図18　オキノタユウが漁業によって混獲された位置（＊）。1983年（１羽）、1987年（１羽）、1995年（２羽）、1996年（１羽）1998年（アメリカ２羽、ロシア１羽）、2003年（ロシア１羽）、2010年（２羽）、2011年（１羽）、2013年（日本１羽）、2014年（２羽）。アメリカ魚類野生生物局などによる。

羽が混獲されただけだった。しかし、アメリカで1995年に2羽、96年には1羽、98年にはアメリカで2羽、ロシアで1羽がタラ類のはえなわ漁の犠牲になった。

　底魚のはえなわ漁では、漁獲した魚は漁船の上で処《しょ》理《り》・冷凍《れいとう》され、食用にならない頭部や内臓《ないぞう》などの残りは海にすてられる。それらを食べるため、フルマカモメやミズナギドリ類、オキノタユウ類など、多数の海鳥が漁船のあとを追って集まる。そこに、魚のえさをつけたはえなわが海に入れられると、スクリューによって起こる水流で、枝縄《えだなわ》は水面近くに浮上《ふじょう》する。その先端《せんたん》の釣り針についている釣りえさを海鳥がまちがえて釣り針ごと食べてしまい、そのあと水中に引《ひ》きこまれておぼれ死ぬ。

　アメリカ連邦政府《れんぽうせいふ》魚類野生生物局は、絶滅危惧種《きぐしゅ》のオキノタユウが混獲されたことを心配して、１９９７年９月下旬にアラスカのアンカレッジで研究集会を開催し、オキノタユウ集団の現状を確認し、その混獲を防ぐための漁業規制《きせい》を検討《けんとう》した。この会議にはアメリカから研究者や漁業関係者など15人が、日本からはぼく1人が参加した。

会議では、ベーリング海やアリューシャン列島近海、アラスカ湾でのはえなわ漁による海鳥類の混獲の実態《じったい》が示《しめ》され、漁業規制の基本方針《きほんほうしん》、混獲防止の技術、オキノタユウ集団の個体数の予測と混獲による影響の評価《ひょうか》などについて、それぞれの参加者から報告《ほうこく》され、それについて議論がくりひろげられた。

そして、アラスカ海域における漁業規制方針だけでなく、これから必要となる研究課題として、鳥島の火山噴火の危険性《きけんせい》と非火山《ひかざん》の安全な島への再導入《さいどうにゅう》、原油流出事故の発生とそれへの対策《たいさく》、プラスチック類や重金属《じゅうきんぞく》、化学物質による海洋の汚染、近親交配による生存力《せいぞんりょく》の低下など、さまざまな課題が議論された。この会議の直前に、ぼくはシアトルに立ちよってアメリカ魚類野生生物局や海洋漁業局の研究所で、漁船に乗って操業《そうぎょう》や漁獲量、混獲などを記録するオブザーバー（監視員）制度《せいど》について説明を聞き、その訓練施設《しせつ》を見学した。

まとめられた漁業規制案《きせいあん》は、タラ類のはえなわ漁に対して「2年間に4羽のオキノタユウが混獲された時点で漁業を中止して、混獲防止について漁業者と協議する」という内容で、オヒョウのはえなわ漁に対しては「オキノタユウの混獲許容《きょよう》数を2年間で2羽」とした。そのかわり、連邦政府は混獲を防ぎ、へらす技術を研究・開発して、その成果を漁業者に伝えることになった。

オキノタユウはアラスカ海域に生息するにもかかわらず、この時点でアメリカの「生物種保存法《ほぞんほう》」の絶滅危惧種に指定されてはいなかった。明らかに法的不備《ふび》であった。そして、この研究集会での成果をもとに指定の準備が始められ、２０００年8月に指定された。

この会議の終わりに、運営《うんえい》の若い担当者《たんとうしゃ》が当時のクリントン大統領《だいとうりょう》に、会議の内容とまとめを手紙で報告するから、文案を確認してほしいと言われ、ぼくはたいへん驚いた。あとから考えると、オキノタユウを「生物種保存法」の対象種《たいしょうしゅ》として指定するためだったと思うが、連邦政府の職員《しょくいん》とホワイトハウスとの距離がごく近く、おたがいに信頼しあっているように感じた。日本国内で研究集会のまとめを首相《しゅしょう》に手紙で伝えることなど、聞いたことがなかった。もし手紙を書いたとしても、読まれることはないだろうと、初めからあきらめている気がする。

現場《げんば》での研究

底魚のはえなわ漁による海鳥類の混獲を防ぎ、へらす方法の開発はすぐ取り組まれた。シアトルにあるワシントン大学海洋基金《ききん》プログラムのエド・メルビン博士《はかせ》を中心とした研究グループは、１９９9年と２０００年にアラスカ海域の漁場で操業しながら、海鳥類の混獲について大規模な調査をした。ギンダラのはえなわ漁では、１９９９年に3隻の漁船を使って、１２１回の操業で41・6万本を超える釣り針を海に入れ、２０００年には漁獲努力を約2倍にして、5隻で２２６回の操業をし、海に入れた釣り針は80万本だった。また、マダラのはえなわ漁では、１９９９年に１５６回の操業で１９０万本、２０００年には３３４回の操業で４４２万本の釣り針を海に入れた。

２０００年の調査結果をまとめてみよう。船尾《せんび》から海鳥が近づかないようにする吹《ふ》き流《なが》し状のひも

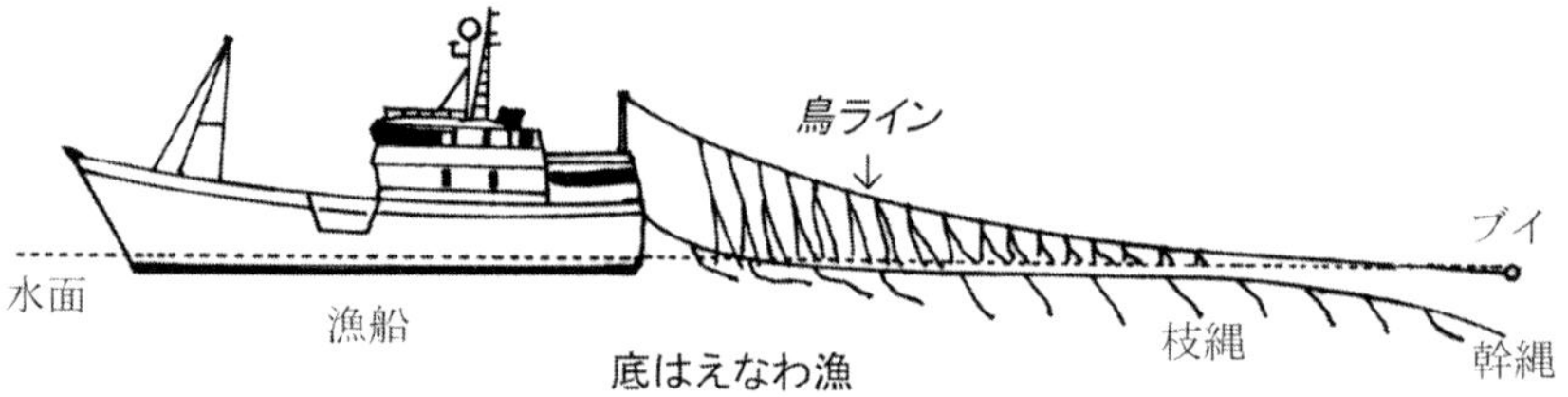

図19　船の後から「鳥ライン」を引くと、垂れ下がっているひもが動くので、それにおどろいた海鳥類ははえなわに近づかない。

のついたロープを1本引くだけで、ギンダラ漁では混獲率を96％へらすことができた。この鳥よけは日本漁船の漁労長が考案したので「鳥ライン」と呼ばれる（**図19**）。さらに、船尾の両端《りょうたん》から2本の鳥ラインを引いて、その間からはえなわを入れれば混獲率を100％へらすことができた。つまり両側に鳥よけの〝動く壁《かべ》〟をもうければ、混獲をなくすことができるのである。

また、マダラ漁では1本の鳥ラインで混獲率を71％、2本では94％もへらすことができた。さらに、2本の鳥ラインを引き、太い幹縄《みきなわ》におもりをつけてはえなわを速く沈《しず》めても、混獲率は2本の鳥ラインの場合とほとんど変わらなかった。

この研究成果はただちにはえなわ漁業者に伝えられた。連邦政府は混獲を防ぐ鳥ラインを無償《むしょう》で漁業者に提供《ていきょう》し、操業現場で取りつけるように指導《しどう》した。その結果、混獲の犠牲になった個体数は急にへった。鳥島での積極的保護が成功して個体数がふえたにもかかわらず、アメリカの海域ではオキノタユウは1999年以降2009年まで11年間、1羽も犠牲にならなかった。

また、ベーリング海のロシア海域で、2003年8月に1羽のオキノタユウがタラ類のはえなわ漁の犠牲になると、アメリカの北太平洋はえなわ漁業組合の事務局長《じむきょくちょう》ソーン・スミスは、ただちにロシアの漁業者に鳥ラインを提供し、混獲を防ぎ、へらす方法を指導した。こうした国際協力の結果、はえなわ漁によって混獲されるオキノタユウの個体数はふえなかった。

オキノタユウ類は増殖率《ぞうしょくりつ》が低いが、寿命は長い。このような生活史《せいかつし》をもつ動物は、成体の死亡率が上がると、19世紀《せいき》末から20世紀初めにオキノタユウが乱獲されて個体数が急減したように、繁殖集団はあっというまにへる。20世紀末にははえなわ漁業による混獲は、オキノタユウ類の存続《そんぞく》をおびやかす大きな問題であったが、多くの研究者や漁業者の協力によって比較的《ひかくてき》短期間で解決《かいけつ》された。

その後も、混獲を防ぎへらす方法の開発が進んだ。船尾の水中のやや深くからはえなわが海に入れられれば、潜水が得意《とくい》な海鳥類を混獲から守ることができる。また、水中からはえなわを海に入れなくても、船尾の両側から鳥の接近《せっきん》を防ぐ鳥ラインを引いて、その間から幹縄におもりをつけたはえなわを海に入れれば、はえなわがすぐに水中に沈んで、混獲をほぼなくすことができる。

生物多様性《たようせい》の危機

オキノタユウ類やそのほかの海鳥類だけでなく、現在、非常に多くの生物種が絶滅の危機に瀕《ひん》している。２０１９年に国際自然保護連合（ＩＵＣＮ）がまとめたレッドリストによると、絶滅のおそれのある種は、鳥類では１４８６種で全体の約14％、いいかえると7種に1種が絶滅の危機にある。哺《ほ》乳類《にゅうるい》では１２４４種で、約25％、つまり4種に1種、両生類では２２００種、なんと約41％、２～３種に1種の存続が脅《おびや》かされている。維管束《いかんそく》植物も1万５６０１種が絶滅の危機にあり、全生物群を合わせると3万178種にものぼる。しかも、残念なことに、絶滅のおそれのある種の数は、毎年、少しずつふえている。

もし、これらの種が地球上から姿を消してゆくと、いろいろの種のあいだのさまざまな関係で成り立っている生物多様性が変化し、くずれてゆく。たとえば、ハナバチ類は植物の花の蜜《みつ》や花粉《かふん》を利用し、つぎからつぎへと花に訪《おとず》れるときに、花粉をほかの花に運ぶ。近縁な種がいくつもいれば、たとえ1種が姿を消しても別の種が置きかわってその役割をになうだろう。しかし、大半の種がいなくなると、授粉《じゅふん》が行なわれなくなり、花は実を結ばず、植物は子孫を残せなくなり、最終的には姿を消す。その植物を食べて成長していた昆虫《こんちゅう》の数がへっていなくなり、その昆虫の幼虫《ようちゅう》を主なえさとしていた小鳥たちもへる。その小鳥の捕食《ほしょく》者は別の新しいえさを求めざるをえなくなり、生息場所を変えるだろう。姿を消した植物のあとに授粉を必要としない別の植物がくると、今度はそれを利用する動物がやってくる。

海鳥類は大小の島じまで集団をなして繁殖する。かれらの排泄物《はいせつぶつ》は島で育つ植物の肥料《ひりょう》となり、島の植物群集を豊かにする。その結果、島の土壌《どじょう》がしだいに厚《あつ》くなり、流れついた小動物や飛来した昆虫類《こんちゅうるい》、陸の小鳥類も生息するようになる。さらに、島の周囲の海岸域に栄養分がしみ出て海藻《かいそう》類《るい》が茂《しげ》り、そこに海洋動物が集まる。しかし、もし海鳥類がいなくなると、植物への栄養補給がとだえて植物はおとろえ、表土の浸食が起こって岩がむきだしになり、島とその海岸一帯は荒《あ》れるだろう。ある地域《ちいき》に生息する生物は生態系のなかでいろいろな役割をもっていて、直接的《ちょくせつてき》あるいは間接的な関係でつながっている。ある種が消失して関係の一つがこわれても、特別な場合をのぞけば、すぐに生物の集まりに変化は現れないだろう。しかし、多くの種がつぎつぎに姿を消し、いくつもの関係がこわれてしまうと、それまであった関係の枠組《わくぐ》みが保たれなくなり、生物の集まりに大きな変化が起こるにちがいない。そうなると、その地域の生態系はかわってしまう。もし、そうした変化が地球規模で生じれば、人類は生きることがむずかしくなるであろう。地球は大きいから、地球環境は少しくらいの変動にはたえられるだろうと思うかもしれない。だが、そうとはいいきれない。ぼくたちを含む大部分の生物は、半径約６４００キロメートルの地球のごく薄《うす》い表層《ひょうそう》に生活していて、強固で安定した岩盤《がんばん》の上に立っているわけではなく、流動的でくずれやすい土地で生活しているのだから。

絶滅危惧種を救《すく》い、自然を守る

１３０年あまり前、伊豆諸島の鳥島では、毎年、十数万羽のオキノタユウが人間によって棒《ぼう》で打ちのめされた。そのとき、島中に鳥たちの悲鳴が響《ひび》きわたっただろう。そして現在、この地球のあちこちで、人間によってすみかを奪《うば》われた多数の生物種が静かに悲鳴を上げている。

絶滅のおそれのある種がこれほど多くなった原因は、人間の活動である。人間は自分たちの生活を豊かにするために、草原を刈《か》りはらい、池や沼《ぬま》などの湿地《しっち》を埋《う》め立てて農地に変え、低木林や森林を伐採《ばっさい》して農地や牧場にし、川や海岸を改修《かいしゅう》して都市を造《つく》ってきた。そして、不要になったさまざまなものを大量に捨てて、川や湖、海だけでなく空気さえも汚染してきた。その結果、草原や湿地、森林、川や海岸にすみなれていた生物たちは居場所《いばしょ》を奪われ、個体数をへらした。それらの中には分布《ぶんぷ》域《いき》や個体数が大きくへったものがいて、絶滅のおそれのある種として認識《にんしき》されるようになった。その逆に、人間がつくりだした農地や都市などの人工的な環境に進出しておおいに個体数をふやし、人間にとって迷惑《めいわく》な存在《そんざい》だとされる生物がいる。それらは、人間中心的な考えから〝害獣《がいじゅう》〟、〝害鳥〟、〝害虫〟、〝雑草《ざっそう》〟など「有害生物」と呼ばれている。結局、絶滅のおそれのある種と有害生物種は、人間の活動によって生じた両極の生物群といえよう。したがって、人間の活動を変えれば、それらの問題を同時に解決できるはずである。

では、どうすればよいであろうか。それは、できるかぎり元の状態にもどすことだろう。人間が自分の利益だけを追いもとめて単純化《たんじゅんか》してしまった地球の表面を、さまざまな生息地がモザイクのようにちりばめられた大地にもどし、さらに自然保護区《ほごく》の数や面積をふやす。海でも、海洋保護区をもっとふやさなければならない。そうすれば、それぞれの生息地になれ親しんでいた生物たちがかならずもどってくる。

この地球は人間だけのものではなく、ともにすんでいるほかのたくさんの生物たちのすみかでもあるのだから。

あとがき

地球2周半の航海《こうかい》

ぼくは１９７６年11月から２０１８年12月までの42年間に１２５回鳥島を訪《おとず》れた。そのうち、６回は八丈島《はちじょうじま》と鳥島の間をヘリコプターで往復《おうふく》し、その他は船を利用した。また、１９７９年から１９９２年11月まで、東京と八丈島の間を定期船で往復した。そのころまで、大学での仕事があまり忙《いそが》しくなかったことと、八丈島から鳥島への航海にそなえて、体を船になれさせる必要があったためである。東京から八丈島までの距離《きょり》は約３００キロメートル、八丈島から鳥島までも約３００キロメートルで、１１９回の航海距離を合計すると10万１７５０キロメートルになった。地球の外周は約4万キロメートルだから、ぼくは地球を２周半くらい航海した計算になる。

ぼくは決して船に強くなく、しょっちゅう船酔《ふなよ》いに苦しんだ。できるかぎり海がおだやかな日を選んで八丈島から出帆《しゅっぱん》したが、途中《とちゅう》から風が吹《ふ》きだして海が荒《あ》れ、逆《ぎゃく》に鳥島からなぎの海を進んだものの、八丈島に近づくと雨になって海が荒れることもあった。６月に営巣《えいそう》地の保全《ほぜん》管理作業をするために鳥島に行ったときには、八丈島との間に停滞《ていたい》している梅雨《ばいう》前線を横断《おうだん》して航海しなければならないことが多く、頭や胃《い》がどうにかなりそうなひどい船酔いを経験《けいけん》した。往路復路《おうろふくろ》ともおだやかな海を航海したことはほとんどない。ふりかえると、よくこれほどの距離を航海したものだと思う。

調《ちょう》査《さ》に費《つい》やした2680日

調査を始めたころ、鳥島に上陸することがなかなかできなかった。しかし、１９７９年11月から少なくとも年2回、11月の抱卵《ほうらん》期と3〜4月のひなの時期に鳥島に上陸して、繁殖《はんしょく》つがい数と巣立ちひな数を定期的に調べることができた。１２５回の野外調査で、出発してから帰るまでの日数を合計すると２６８０日になった。これは7年4カ月にあたる。42年間のうち7年あまりだから、だいたい6日のうち1日を鳥島での調査のために使ったことになる。

もちろん鳥島の現地《げんち》に滞在《たいざい》した日数はこれより少なく、6年くらいだろう。それでも1週間に1日を現地で過《す》ごしたといえそうだ。これを可能《かのう》にしてくれた東邦《とうほう》大学理学部と生物学科の同僚《どうりょう》・先輩《せんぱい》のみなさんの理解《りかい》と配慮《はいりょ》、協力、援助《えんじょ》に心から感謝《かんしゃ》している。

よく、無人島の鳥島で1カ月間もひとりで過ごしていて、さびしくはないかと聞かれる。もし、漂流《ひょうりゅう》して鳥島に着いたなら、早く帰りたいにちがいない。しかし、ぼくはオキノタユウの保護《ほご》研究のために鳥島に〝自発的に漂着《ひょうちゃく》〟するのであって、滞在中に調査し、観察することがたくさんある。晴れやくもりの日には、オキノタユウの営巣地に行って集中的に観察し、雨や風の日には、危険《きけん》を避《さ》けるために避難《ひなん》小屋にとどまって、観察データをまとめたり、休養をとったりする。のんびりと本を読むこともある。また、衛星《えいせい》電話で本土と連絡《れんらく》をとることができ、中波（ＡＭ）のラジオ放送で世の中の動きを知ることもできる。鳥島滞在中は、すべての時間をひとりで自由に使うことができる。ぼくにとっては、こんなに幸福なことはない。

「アホウドリ基金《ききん》」

１９９２年11月に「デコイ作戦」を始めたとき、ぼく個人でも10体の若鳥型《わかどりがた》デコイを購入したが、デコイを製作《せいさく》する予算が足りず、目標とする数を準備《じゅんび》できなかった。それで、多くの人から寄付《きふ》を募《つの》るため、1カ月後の12月の末に、「デコイ作戦」の実行と繁殖状況《じょうきょう》の継続《けいぞく》調査を資金面《しきんめん》で支《ささ》え、この種を地球上に再生《さいせい》するための「アホウドリ基金」を創設《そうせつ》した。

とくに宣伝《せんでん》したわけではなかったが、多くのかたから寄付をいただき、それによって翌年《よくねん》までに10体の成鳥型《がた》デコイとそれを地面に固定する台板《だいばん》を用意することができた。そのあとさらに、若鳥型デコイ20体と固定用の台板を購入《こうにゅう》することができた。また、２０００年10月にはほかの2団体《だんたい》と協力して、成鳥型デコイ20体を製作し、16体を北西ハワイ諸島《しょとう》のミッドウェー環礁《かんしょう》に送った。残りの4体は鳥島でこわれたデコイと交換《こうかん》した。これらの購入に「基金」から支出《ししゅつ》した金額《きんがく》は約４４０万円であった。

この「アホウドリ基金」を強力に支援《しえん》してくれたのは「静岡アルバトロスの会」で、この会は高校時代にお世話になった恩師《おんし》の長藤《ながふじ》利夫先生の発案で、１９９６年2月に発足《ほっそく》した。そして、先生は高校時代の同期生や中学校の同窓生《どうそうせい》などの学校関係者やたくさんの人たちに呼《よ》びかけ、「基金」を側面から援助してくださった。

合わせて１０８８名の方からの協力によって、鳥島への渡航《とこう》や上陸、滞在に必要な小型《こがた》漁船のチャーター代、上陸用ゴムボート・船外機の購入、保管《ほかん》、修理《しゅうり》の代金、小型船舶検査料《せんぱくけんさりょう》を「基金」から支出し、緊急《きんきゅう》避難用救命筏《きゅうめいいかだ》や非常用《ひじょうよう》無線標識《ひょうしき》、可搬《かはん》型衛星電話、ポータブル発電機、衛星電話マルチアダプターとファックス装置《そうち》などを購入することができた。それだけでなく、従来《じゅうらい》営巣地の保全管理工事に必要なトリカルネットやステンレス亀甲金網《きっこうかなあみ》、土嚢袋《どのうぶくろ》などを購入する費用《ひよう》も「基金」によってまかなわれた。

これらのうち、小型漁船のチャーター代にもっとも多く支出した。環境庁《かんきょうちょう》や報道《ほうどう》会社などによる支払《しはら》いをのぞいて、ぼくが直接《ちょくせつ》かかわった支払《しはら》い総額《そうがく》は約1億円にのぼった。そのうち、「基金」から46％、東邦大学理学部から26％の援助を受け、ぼく自身は28％を支出した。とくに、営巣地保全工事の補完《ほかん》作業をするための7回と、ぼくが定年退職《たいしょく》してから5年間、10回の現地調査は、すべて「基金」の援助による。それがなければ、とうてい目標をなしとげることができなかった。「アホウドリ基金」に協力くださったみなさまに、オキノタユウの５０００羽回復《わかいふく》を報告《ほうこく》し、深くお礼を申し上げる。

また、ぼくは１９７９年11月から２０１８年12月までの39年間、東京都八丈島を中継地《ちゅうけいち》として鳥島での野外調査をつづけ、八丈島の神湊《かみなと》港に近い民宿「おざき荘《そう》」の故・小崎保さんと小崎エキさん夫妻《ふさい》にたいへんお世話になった。お二人に特別な感謝を申し上げる。

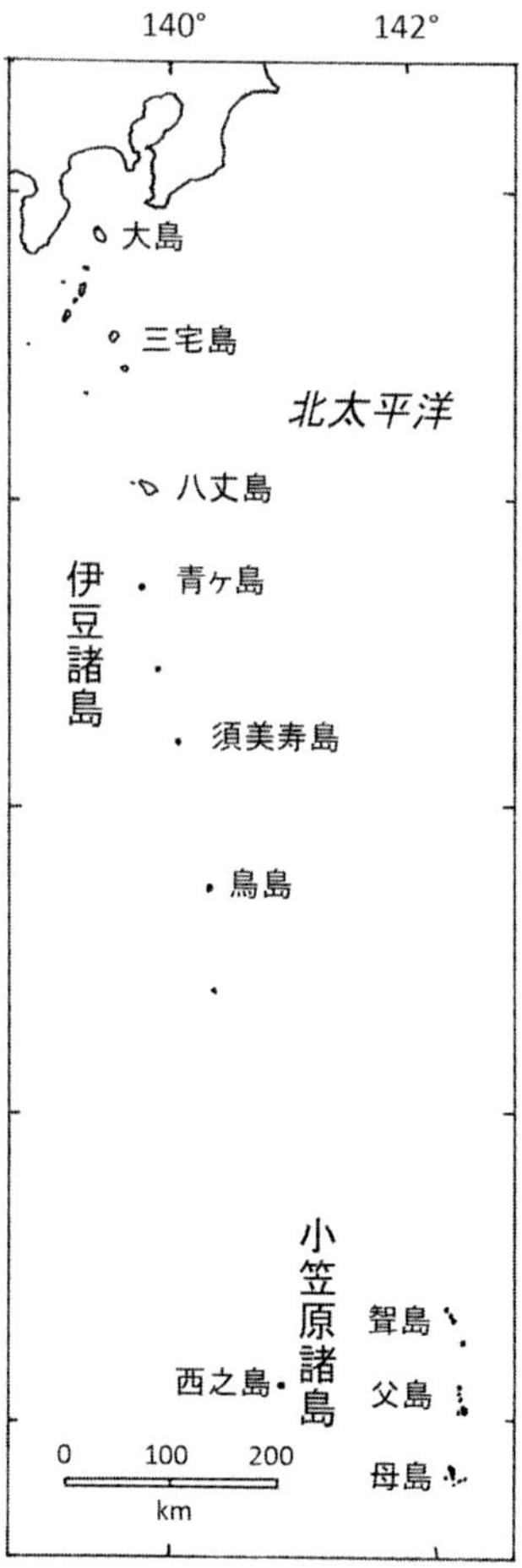

伊豆諸島・鳥島の位置。

付録1　伊豆諸島鳥島におけるオキノタユウ集団の成長（調査：長谷川博）

繁殖年度（産卵年）	つがい数（組）	巣立ち数（羽）	繁殖成功率（％）	カウント（羽）	推定総個体数（羽）
1976		15		71	
1977		12		73	
1978		22		96	
1979	50	20	40.0	130	
1980	54	32	59.2	130	
1981	63	21	33.3	140	280
1982	67	34	50.7	150	300
1983	65	32	49.2	160	310
1984	73	51	69.9	172	365
1985	76	47	61.4	165	395
1986	77	53	68.8	146	430
1987	84	57	67.9	171	465
1988	89	51	57.3	203	505
1989	94	50	53.2	223	525
1990	108	66	61.1	202	590
1991	115	51	44.3	232	605
1992	139	66	47.5	302	680
1993	146	79	54.1	301	725
1994	153	82	53.6	324	765
1995	158	62	39.2	337	785
1996	176	90	51.1	349	865
1997	194	130	67.0	403	970
1998	213	143	67.1	394	1070
1999	220	148	67.3	380	1190
2000	238	173	72.7	423	1320
2001	251	161	64.1	481	1420
2002	267	171	64.0	569	1545
2003	277	193	69.7	603	1655
2004	302	151	50.0	617	1730
2005	325	195	60.0	614	1830
2006	341	231	67.7	671	1945
2007	382	270	70.7	631	2140
2008	418	306	73.2	683	2360
2009	446	327	73.3	699	2570
2010	481	310	64.4	793	2755
2011	512	353	68.9	882	3000
2012	538	379	70.4	982	3220
2013	609	400	65.7	1027	3540
2014	681	479	70.3	1148	3900
2015	752	472	62.8	1325	4220
2016	837	533	63.7	1396	4615
2017	921	688	74.7	1524	5165
2018	1011			1645	

付録２　尖閣諸島におけるオキノタユウの生息状況調査（まとめ：長谷川博）

調査年月日／調査者：調査した島と観察個体数ほか

1885年10月末／石澤兵吾（沖縄県属）：魚釣島に数万羽が生息。成鳥数十羽と数百卵を捕獲・採集。

1891年／伊澤矢喜太（熊本県人）：魚釣島、久場島で成鳥を多数捕獲。

1897年～1907年／古賀辰四郎と移住島民：魚釣島，久場島などで毎年15～16万羽を捕獲。

1900年５月10～18日／宮島幹之助（東京帝国大学）：久場島のあちこちに20～30羽の小群が生息。

５月３～20日／黒岩恒（沖縄師範学校）：魚釣島、南・北小島でひな多数、成鳥３羽を生け捕り。

1907年４～５月／恒藤規隆（燐鉱資源研究者）：久場島の島内４箇所に分かれて生息し、魚釣島の東北側の海岸の２、３箇所に生息。南・北小島に少数が生息。

1939年５月23日～６月４日／正木　任（石垣島測候所）：全島を調査したが、０羽。

1950年３月28日～４月９日／高良鉄夫（琉球大学）：魚釣島、南・北小島を調査したが０羽。

1952年３月27日～４月28日／高良鉄夫：魚釣島、南・北小島を再調査したが ０羽。

1963年５月15～21日／高良鉄夫：魚釣島、南・北小島の第３回調査。しかし ０羽。

1970年12月５～15日／九州大学・長崎大学合同学術調査隊：魚釣島、南・北小島に上陸調査、０羽。

1971年３月29日～４月10日／池原貞雄（琉球大学）：南小島で成鳥12羽。新納義馬（琉球大学）北小島で若鳥２羽。尖閣諸島での再発見。

1979年３月10～18日／池原貞雄：魚釣島を調査、０羽。

３月20日／池原貞雄：南小島を調査し、成鳥13羽、若鳥３羽。

1980年２月25日～３月１日／池原貞雄：久場島を調査、０羽。

３月３日／池原貞雄・NHK：南小島で成鳥28羽、若鳥７羽。

５月２日／池原貞雄・NHK：南小島で成鳥と若鳥を合わせて19羽。

1988年４月13日／長谷川博・朝日新聞社：南小島を上空から観察し、ひな７羽、成鳥８羽。

1991年３月28日／長谷川博・フジテレビ：南小島でひな10羽、成鳥18羽。

1992年４月29日／長谷川博・朝日新聞社：南小島でひな11羽、成鳥１羽。

2001年３月６～７日／長谷川博・朝日新聞社：南小島でひな24羽、成鳥50羽、若鳥27羽。北小島で成鳥２羽。

2001年12月24日／水島邦夫（沖縄テレビ）：南・北小島で撮影。成鳥と若鳥を合わせて50～60羽。北小島で成鳥１羽。

2002年２月25～27日／長谷川博・沖縄テレビ：南小島でひな32羽、成鳥48羽、若鳥29羽。北小島でひな1羽、若鳥4羽。

2002年5月6～7日／長谷川博・沖縄テレビ：南小島で巣立ちひな8羽。北小島でひな1羽。

参考文献・資料

アホウドリ基金・編『アホウドリ通信』第1〜5号（1995〜1999年）、『オキノタユウ通信』第6〜17号（2001〜2013年）
朝日新聞社・編『沖縄の孤島』6＋204頁、朝日新聞社、1969年
B.H.チェンバレン（高梨健吉訳）『日本事物誌』第2巻（初版1890年）、6＋340＋24頁、東洋文庫147、平凡社、1969年
藤澤格『アホウドリ』2＋172頁、刀江書院、1967年
長谷川博「アホウドリ再生計画」『ユリカモメ』（日本野鳥の会東京支部会報）第313号10−11頁、1982年
――『50羽から5000羽へ：アホウドリの完全復活をめざして』224頁、どうぶつ社、2003年
八丈島嶋廳・編「明治34年鳥島引継書類」、1901年（1981年6月16日、東京都八丈支庁にて複写）
平岡昭利『アホウドリを追った日本人：一攫千金の夢と南洋進出』4＋214頁、岩波新書（新赤版）1537、岩波書店、2015年
飯島魁「Nippon no Tori Mokuroku」『動物学雑誌』第3巻後付1−33頁、1891年
池原貞雄・下謝名松栄「尖閣列島の陸生動物」琉球大学尖閣列島学術調査団・編『尖閣列島学術調査報告』85−128頁、琉球大学、1971年
犬飼哲夫「北海道の鳥類保護史」『野鳥』第25巻2号80−82頁、1960年
川田潤『トリキチ誕生：生態映画制作者の回想』（私の動物誌）208頁、理論社、1959年
気象庁鳥島クラブ「鳥島」編集委員会・編『鳥島』130頁、刀江書院、1967年
正木任「尖閣群島を探る」『採集と飼育』第3巻102−111頁、1941年
高良鉄夫『沖縄の秘境を探る』302頁、琉球新報社、1980年
玉置半右衛門「鳥島在留日誌（明治20年11月5日から12月21日まで）」東京都・編『東京市史稿・市街篇』第七十一、662−678頁、東京都、1981年
東郷博「島の楽園 鳥島紀行」『山と渓谷』第120号41−43頁、1949年
恒藤規隆『南日本の富源』28＋298頁、博文館、1910年
――『予と燐鉱の探険』112頁、恒藤事務所発行・東京堂発売、1936年
上田敏『海潮音』4＋252頁、本郷書院（日本近代文学館による「新選名著復刻全集 近代文学館」、1970年）
内田清之助「鳥の羽毛の用途」『鳥』（日本鳥学会）第1号29−31頁、1915年
――『科学世界 鳥学講話』6＋304頁、中文館、1922年
――『日本鳥類図説・上巻』増訂4版、6＋336頁、18図版、中文館、1925年
――「滅びゆくアホウドリ」『星稜』第9号10−13頁、1956年3月
――『鳥類学五十年』135−140頁、宝文館、1958年
占部牛太郎「恐怖の思い出：昭和14年鳥島大爆発を体験して」気象庁鳥島クラブ「鳥島」編集委員会・編『鳥島』39−41頁、刀江書院、1967年
宇山大樹『野鳥の記録 東京〜釧路航路の30年：1997年〜1999年を中心として』6＋258頁、著者出版、2012年
渡部栄一「鳥島のあほう鳥」気象庁・編『南鳥島・鳥島の気象累年報および調査報告』156−168頁、1963年
山田信夫『探鳥記：50数年前の鳥類生態研究創始の記録』214頁、三学出版、1985年

山本正司「鳥島の〝あほうどり〟」『中央気象台測候時報』第21巻２３２－２３３頁、１９５４年
山階芳麿「鳥島紀行」『鳥』（日本鳥学会）第31号５－10頁、１９３１年
———「伊豆諸島の鳥類（並びに其の生物地理学的意義）」『鳥』11巻１９１－２７０頁、１９４２年
———「山階鳥類研究所の日本産鳥類標本採集」『野鳥』第25巻２号78－80頁、１９６０年
Austin, O. L. 1949. The status of the Steller's Albatross. *Pacific Science*, 3:283-295.
Austin, O. L. & Kuroda, N. 1953. The birds of Japan, their status and distribution. *Bulletin of the Museum of Comparative Zoology at Harvard College*, 109: 277-638.
Brothers, N. 1991. Albatross mortality and associated bait loss in the Japanese longline fishery in the Southern Ocean. *Biological Conservation*, 55: 255-268.
Carter, H. F. & Sealy, S, G. 2014. Historical occurrence of the Short-tailed Albatross in British Columbia and Washington, 1841-1958. *Wildlife Afield*, 11: 24-38.
Croxall, J. P. 1979. Distribution and population changes in the Wandering Albatross *Diomedea exulans* at South Georgia. *Ardea*, 67:15-21.
Edwards, A. E. & Rohwer, S. 2005. Large-scale patterns of molt activation in the flight feathers of two albatross species. *Condor*, 107: 835-848.
Hasegawa, H. & DeGange, A. R. 1982. The Short-tailed Albatross, *Diomedea albatrus*, its status, distribution and natural history. *American Birds*, 36: 806-814.
Knox, A. G. & Walters, M. P. 1994. *Extinct and endangered birds in the collections of the Natural History Museum.* 4+292pp. British Ornithologists' Club Occasional Publications. No.1,
Mountfort, G. & Arlott, N. 1988. *Rare birds of the world: a Collins/International Council for Bird Preservation handbook*. 256pp. Collins.
Murie, O. J. 1959. Fauna of the Aleutian Islands and Alaska Peninsula. *North American Fauna*, 61:1-364.
Piatt, J. F. *et al.* 2006. Predictable hotspots and foraging habitat of the endangered Short-tailed Albatross (*Phoebastria albatrus*) in the North Pacific: implications for conservation. *Deep-Sea Research II*, 53:387-398.
Pyle, R. L., and Pyle, P. 2017. *The birds of the Hawaiian Islands: occurrence, history, distribution, and status.* B. P. Bishop Museum, Honolulu, HI, U.S.A. Version 2 (1 January 2017) http://hbs.bishopmuseum.org/birds/rlp-monograph/
Suryan, R. M. *et al.* 2007. Migratory routes of Short-tailed Albatrosses: use of exclusive economic zones of North Pacific Rim countries and spatial overlap with commercial fisheries in Alaska. *Biological Conservation*, 137: 450-460.
Tickell, W. L. N. 1975 Observations on the status of Steller's Albatross (*Diomedea albatrus*) 1973. *Bulletin of the International Council for Bird Preservation*, 12:125-131.
——— 2000. *Albatrosses.* 448pp. Pica Press.
Temple, S. A. ed. 1978. *Endangered birds: management techniques for preserving threatened species.* 24+468pp. University of Wisconsin Press.
Wilbur, S. R. 1987. *Birds of Baja California.* 10+254pp. University of California Press.

長谷川　博（はせがわ・ひろし）
1948年静岡県生まれ。京都大学農学部卒、京都大学大学院理学研究科博士課程単位取得退学。東邦大学理学部教授を経て、現在東邦大学名誉教授。吉川英治文化賞、全米野生生物連盟保全功労賞（国際部門）、日本学士院エジンバラ公賞などを受賞。
著書に、『オキノタユウの島で：無人島滞在“アホウドリ”調査日誌』（2015年、偕成社）、『アホウドリに夢中』（2006年、新日本出版社）、『50羽から5000羽へ：アホウドリの完全復活をめざして』（2003年、どうぶつ社）、『風にのれ！　アホウドリ』（1995年、フレーベル館）、『とべあほうどり』（1979年、新日本出版社）など多数。
ホームページhttps://www.mnc.toho-u.ac.jp/v-lab/ahoudori

アホウドリからオキノタユウへ

2020年 4 月30日　初　版

著　者　長谷川　博
発行者　田　所　稔

郵便番号　151-0051　東京都渋谷区千駄ヶ谷 4-25-6
発行所　株式会社　新日本出版社
電話　03（3423）8402（営業）
03（3423）9323（編集）
info@shinnihon-net.co.jp
www.shinnihon-net.co.jp
振替番号　00130-0-13681
印刷　光陽メディア　　製本　小泉製本

落丁・乱丁がありましたらおとりかえいたします。

ISBN978-4-406-06408-8 C8045　Printed in Japan